产 品 设 计 基 础 课

产品系统设计

叶德辉 齐伟 薛晨虹 主编

化学工业出版社

·北京·

内容简介

本书从系统与中国传统系统观、产品与产品系统、产品系统设计要素、产品模块化系统设计、产品系列化系统设计、产品系统设计方法、全生命周期产品系统设计、基于服务模式的产品系统设计八个方面对产品系统设计进行了全面介绍。本书融入了课程思政元素，利于读者树立文化自信，并运用跨学科思维以拓宽读者视野，同时本书列举了大量实际案例，图文并茂地展示了产品系统设计。

本书可作为各大院校产品设计和工业设计专业核心课程"产品设计"或"产品系统设计"的教学用书，也可作为产品设计从业人员的参考资料。

随书附赠课件，请访问 https://www.cip.com.cn/Service/Download 下载。

在如右图所示位置，输入"42865"点击"搜索资源"即可进入下载页面。

图书在版编目（CIP）数据

产品系统设计 / 叶德辉，齐伟，薛晨虹主编.—北京：化学工业出版社，2023.7（2025.1 重印）
（产品设计基础课）
ISBN 978-7-122-42865-3

Ⅰ.①产…　Ⅱ.①叶…②齐…③薛…　Ⅲ.①产品设计-系统设计-教材　Ⅳ.①TB472

中国国家版本馆 CIP 数据核字（2023）第 088668 号

责任编辑：吕梦瑶　陈景薇　冯国庆　　　　　　　装帧设计：韩　飞
责任校对：边　涛

出版发行：化学工业出版社（北京市东城区青年湖南街13号　邮政编码100011）
印　　装：涿州市般润文化传播有限公司
787mm×1092mm　1/16　印张10　字数250千字　2025年1月北京第1版第2次印刷

购书咨询：010-64518888　　　　　　　　　售后服务：010-64518899
网　　址：http://www.cip.com.cn
凡购买本书，如有缺损质量问题，本社销售中心负责调换。

定　　价：68.00元　　　　　　　　　　　　　　　　　版权所有　违者必究

本书是 2021 年度国家级一流本科课程"产品系统设计"课程的配套用书。对于产品设计专业来说,"产品系统设计"是一门核心专业课,注重培养学生的系统思维能力。目前产品设计领域关于系统设计的教材大部分侧重于产品设计流程的系统性和产品微观系统的设计等方面,而对于产品系统观的营造和产品系统思维的培养等方面的关注不够,使得在教学中,很难区分产品设计和产品系统设计的关系。

整体来看,本书具有以下四个方面的特点。

1. 融入课程思政元素,树立良好的文化自信

本书通过挖掘中国传统哲学中的整体性系统思想,运用整体性思维创新,通过在产品设计教学中的具体运用,让学生树立文化自信,懂得从中国传统哲学中吸取养分,形成良好的系统性思维观。

2. 跨学科系统论的学习,拓宽学生的视野

本书运用跨学科思维,将系统论的思想引入设计领域,让学生学会从系统科学的新角度看待设计,以更加严谨、科学的思想去对待设计创新,使得整个设计创新过程变得更加可控,让设计也更具有科学性。

3. 通过系统思维的学习,形成良好的产品系统思维观

本书通过大量系统论的讲解,分别从宏观和微观的角度,让学生形成良好的产品系统思维观,让学生学习应对任何问题,都可以从两个方面进行具体的系统分析,从而寻找到创新点,形成立体的创新思维角度。

4. 通过大量实际案例,图文并茂地展示产品系统设计

产品系统设计内容比较抽象,不容易理解,本书采用大量的实际案例及学生优秀

作业，形象地展示出产品系统的设计流程和方法，增加学生的理解，同时也为从系统的角度展开产品设计创新提供了参考。

本书可以作为各大院校产品设计和工业设计专业核心课程"产品设计"或"产品系统设计"的教学用书，也可以作为设计学相关专业研究生的教学用书，同时还可以作为产品设计从业人员的参考资料。

本书由叶德辉、齐伟、薛晨虹主编，参与编写的还有桂林电子科技大学的研究生，刘昱岑（2019 级学硕）参与了第 1 章、马晨子（2020 级专硕）参与了第 2 章、郭富菊（2020 级专硕）参与了第 3 章、杜方麟（2020 级专硕）参与了第 4 章、陈燕萍（2021 级学硕）参与了第 5 章、孟灵肖（2020 级专硕）参与了第 6 章、薛晨虹（2020 级学硕）参与了第 7 章的编写工作，在此一并表示感谢！

由于编者学识有限，书中难免存在纰漏和不足，敬请有关专家和读者批评指正。

编者

/ 目录

第 1 章
/ 系统与中国传统系统观

/ 知识体系图

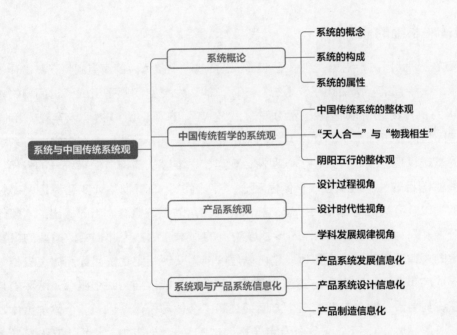

/ 学习目标

知识目标

1. 掌握系统的相关概念。

2. 掌握中国传统系统观中的各整体观。

3. 理解产品系统观的优势及必要性。

4. 了解系统观与产品系统信息化的发展及其所带来的影响。

技能目标

1. 能够清晰地论述系统与中国传统系统观的内涵、特征及优势。

2. 能够对系统观进行总结并将其运用在设计实践中。

在新时代的背景下，设计师的设计观察视角由"实物中心"逐渐向"系统中心"转变，人们在产品活动中，不仅从产品实体本身去观察、评价，而且通常用系统的观念去认识，将产品当作系统或者系统中的一个组成元素来认识，同时也把产品作为系统事物的发生、过程、功能和关系的认识。尤其是在人工智能技术发展越来越成熟后，"设计 + 人工智能"的出现和发展，使系统的开发体现了更高的设计生产效率及取得了更好的产品效果。

/ 1.1 / 系统概论

1.1.1 系统的概念

系统一词源自古希腊语，意思是将部分组合成一个整体。德谟克利特在其著作《宇宙大系统》中，第一次使用了"系统"一词，他认为虚空和原子组成了世间事物。柏拉图认为，万物之所以存在是因为理念，"分有"的观念使事物得以存在，不同等级、不同层次、不同水平的观念融合的系统整体组成世界。柏拉图在哲学上将系统整体观的基础以理念代表，开创了以理性、观点、思维等从精神层面来统一的先例。亚里士多德的目的性、组织性、整体性观念，"四因说"的事物生死变化原因，事物的关系种类以及分类范畴等相关思想，都体现着丰富的系统概念。当时提出的"整体大于部分之和"，直到现在都还作为该领域观点的基本原则。因此，相似类型的事物按照固定的规律逻辑形成一个整体。也可以理解成为实现特定功能目标而由有机相关的对象形成的集合。该定义中主要包含要素、系统、功能、结构四个概念，从环境与系统、系统与要素、要素与要素三个方面描述了"个体与个体"以及"个体与整体"的联系。一般认为，由两个或多个元素连接而成的特定结构的整体可以被认为是一个系统。

朴素的系统思维自古就存在。大量的原始证据都表明，无论是在中国古代，还是在古希腊，都可以找到大量系统思维的影子。例如《黄帝内经》以阴阳五行中的辩证思维内容，将自然和人体看作是由五个要素相互作用、相互抑制构成的一个有序的整体系统。《孙子兵法》从战争兵法的角度，将整个战争划为一个系统，并且对各层级的战争系统以及系统层级之间的关系进行综合分析，从系统整体的角度，使人们对战争规律有了更深入的认识了解。

1.1.2 系统的构成

一个系统是一个有序的集合，因为它是由许多事物组成的，任何事物的单一元素都不能被看成或认为是一个具有完整性的系统，一个系统的各个组成部分是相互依存且相互作用的，不连通的总和是无法计算为系统的。系统并不是绝对的，某个事物或某些元素能不能被称为一个系统，要看事物的观察角度。一个系统可以包含多个子系统，反之单一的从属系统包含多个子从属系统。系统有着十分明确的内涵，系统并不能包含世间一切事物。并且系统的相关概念也有着一定的相对性，根据人们看事物的角度和方法的情况而定。因此，系统的真正核心是设计面对的对象及其所产生的相关的一系列问题（如设计资料信息的整理分类，程序的设计及管理，设计目标的建立，人、机、环境系统三者之间的动作协调及功能分配等）应该涵盖和解决系统分析的概念与方法以及系统理论。同时，从系统的角度来看，系统始终需要全面、准确地考察对象的整体和部分，以及外部系统环境和整体系统对象的相互限制约束、作用联系，以达成最终目的，即最优化解决问题。

1.1.3 系统的属性

系统的属性大致有以下几点。

（1）整体性

将两个或多个元素进行集合构成系统。研究系统理论的出发点应是整体性。这一过程是元素有机地、有规律性地排列组合，应避免过程对象的偶然性、无序性混沌积累。为达到既定目标及功能，将系统分为多个具备特定功能属性的层级，并且需要各层级之间充分配合联系。各层级由众多元素组成，且不能将其单独划分。因此，忽略全局，只关注局部，将对系统的整体效益产生负面影响。当着眼于整个系统的整体，而不仅仅是最大利益或一个子系统时，才能避免因小失大，顾此失彼。例如设计庞大的汽车系统时不仅需要考虑其作为交通工具的基础运输功能，还需要考虑生产的技术及成本、安全性及舒适性、能源使用及表面技术。关于能源相关的研究，主要有两个方面：一是如何减少能源消耗，以减少环境破坏；二是开发和寻找能源替代品，提高资源利用率。同时，在将汽车尾气的污染和环境噪声作为整车系统设计考虑后，需要从绿色设计的角度入手进行整合设计。当然，对于用户来说，车辆的内饰设计和舒适度、外观和颜色、低噪声等也是选择具体车型时需要考虑的因素。因此，系统设计不仅需要能够整合设计中涉及的各种元素和组件之间的关系，还需要能够使用价值分析、绿色设计、计算机辅助设计、功能设计等方法整合和协调设计人员的工作进行产品的开发与设计。

（2）综合性

将系统不同部分的各个方面与各类因素联系起来，考察它们之间的规律性和共性，这就是系统的综合性。任何系统都可以被认为是由多个元素组成的复合体，是实现特定目标的综合体。为使系统达到整体的优化，对各构成元素进行综合及分析，使其元素之间融合渗透，其方法就是系统论方法。系统综合性的含义可以分为两部分来看：一部分是由景观、人文空间等组成的综合体，将各类特定元素集合，以期具备特定用途、达到理想目的；另一部分是从多角度对所研究的事物进行全面和系统的考察，如从结构成分、融合方式等角度。

（3）最优化

寻找问题的解决方案时需整合分析多重元素的排序组合，以达到方案最优化。根据系统的需求情况，确定系统在各现实环境约束条件下的最优目标。在设计过程中，所遇相关问题的指导思想以及解决原则是：将设计对象和相关问题作为一个整体，从相互联系上、全局上进行研究，通过将实现目标的方式和过程最优化以及总体设计目标最优化，来实现整体优化。狭隘性、片面性、局限性都是产品系统设计需要避免的，相对地应强调其协调性、全面性、平衡性，在过程中寻求多方的优化配合以达到平衡。过度关注产品的单一亮点如造型、某项功能等都易忽视最优化的整体，而导致设计的误差。所以在系统层面，为确保各元素能发挥最大作用，需要保证产品从设计到销售的全过程的稳定性。产品与其有关问题需遵守系统原则，协调发展，让各元素发挥最大优势。

/ 1.2 / 中国传统哲学的系统观

中国有着悠久而灿烂的历史文化，其传统的系统观思维方式在生活中处处可见。多元化的物质材料、哲学思维、技术工艺、本土人文，都使中国传统设计成为一个多学科的跨界交叉体系。人、地、天三者之间的关系是中国传统哲学对世间万物联系的概括，探索如何以人为基础，与自然、社会、人、事物共生共存。以"天人合一，物我相生"的中国传统哲学为基础观念，探讨中国传统思维系统视角对当下东方设计研究的影响。中国传统哲学的主题是人、地、天三者之间的关系，这三者也是中国传统文化中最基本的三个概念，其本质就是人类对宇宙本身和变化规律的认识。

1.2.1 中国传统系统的整体观

现代系统观点认为系统的基本特征是整体性。在中国的古代文化中，这更是一种非常深刻的整体观。荀子及《易传》所阐述的观点中，都体现了整体观，都将天、地、人视为一个有机联系的整体，将相关要素融为一体，为中国传统文化中"天人合一"这一人类与自然和谐共存的整体思想奠定了坚实的基础。传统系统观的基础为中国文化史提供了积极的影响，它不仅着眼于丰富中国古代联系辩证法和包容性思维的整体视角，还促进了中国哲学思想的形成。它同样注重和谐观，在人与自然、社会与个体的统一和谐中去追求美，是中国美学长期坚持的和谐观，其艺术审美的价值在于能够有效促进这种精神上的和谐统一。它极大地启发了中国古代军事思想家的视角，从功能结构观点上，提出了许多灵活适用于实战的战略和战术，其目的是促进军事战争的胜利。它注重环境关系和整体的观点，所以中医注重人体的整体与局部，局部与局部的有机联系，以及生活环境与人体的和谐统一，从而使中医在世界医学史上熠熠生辉。尤其是直接指导了由战国时期所建的能体现中国传统文化的都江堰水利工程，其设计由分水、引水、分洪排沙三大主要工程巧妙组合构成，共有 120 个渠堰工程从属，与其相互配合连接为一个有机系统，缺一不可的配合使波涛汹涌的激流转化为能灌溉包含 14 个县、500 余亩（1 亩 ≈ 666.67 平方米）田地的水资源。因此，都江堰水利工程的建成是在中国系统观指导下，华夏儿女改造自然实践活动及对系统观整体特征的最好体现，如图 1-1 所示。

图 1-1 都江堰水利工程的整体性设计

1.2.2 "天人合一"与"物我相生"

（1）"天人合一"是从系统中不同元素的相互作用的结果角度来体现的

庄子首先提出了"天人合一"的思想观念。"天人合一"不仅是一种思想的表达，更是一种境界。在中国文化中，不同的学术流派在不同的时代，对"天人合一"的理解也有着不同的见解。例如，道家对"天人合一"的理解就是"天地与我并生，万物与我为一"，即一种联通万物的思想。理性与知识的界限被打破，精神思想层面上，打通个体孤立的"我"与"世界"的界限，融为一体。这里的"天"是指代自然，认为人与自然是一体的，是具有统一性的，人只是整个宇宙万物中的一小部分。因此，不难发现，在中国传统设计中，人与自然始终保持着更大的亲密度。从儒家的观点来看，在"天人合一"中，道德的本源是指"天"，"天"的原则就是"仁"。"天人合一"是去除外界欲望的蒙蔽，达到自觉履行道德原则的境界。在善与美、理与情的统一中体现中国传统的系统观。中国传统的"天人合一"思想随着文明的发展而逐渐深化。随着生产力的每一次飞跃进步和社会变迁，人类作为历史主体，都会对自己的命运、力量、在社会历史中的地位有新的认识和反思。为了达到"天人合一"的境界，中国古代的设计与创作往往被赋予远远超越"物"本身的使用价值，具有一定的精神内涵。

"天人合一"的传统系统观，由古至今都是设计师的设计指导理念之一，设计史上流行的仿生设计、绿色设计等都体现着"天人合一"的系统观。图1-2～图1-4所示案例中，作者出于对大自然的细致观察，从大自然寻找灵感，将"天人合一"的系统观运用在其设计中。将荷的自然造型作为产品设计的主要灵感，以荷叶的仿生造型形成产品的主体。"天人合一"不仅仅是人对大自然的学习，还需体现"荷"的精神内涵及对大自然的敬畏之心。荷"出淤泥而不染"的精神内涵正对应了抽油烟机的使用目的及设计理念，产品中间部位突出，吸气网面设计为半弧形，形成半包围式立体吸烟系统，有效地解决了吸烟效率和抽油烟机体积太大而影响到人的操作的问题，达到节约能源并提高效果的目的。"荷"抽油烟机实现了两边可单独控制、高度可调的功能，根据锅的位置调节抽油烟机的高度，提高了抽油烟机的效率。该案例无论是从整体的设计理念还是造型与功能，都较好地体现了"天人合一"的中国传统系统观思想。

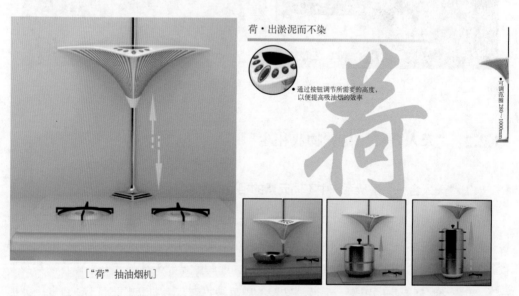

图1-2 《荷·出淤泥而不染》1（作者：唐超、罗彪，桂电2008级产品设计）

荷·出淤泥而不染

- 电动调节杆，可上下调节高度，提高吸油烟的效率

- 按钮开关分为：电源按钮，大风按钮，小风按钮和中间的调节高度按钮

- 格栅，半包围式：不影响人的头部空间，立体式吸烟，最高进气效率

- 显示屏，显示时间和格栅感应温度

- 照明灯，为夜间操作提供方便

图 1-3　《荷·出淤泥而不染》2（作者：唐超、罗彪，桂电 2008 级产品设计）

荷·出淤泥而不染——人机分析

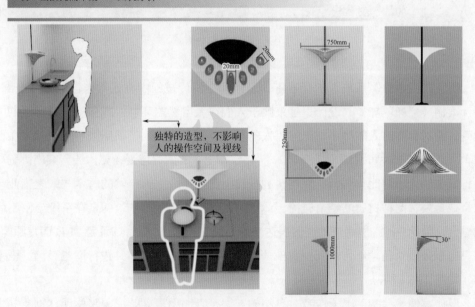

独特的造型，不影响人的操作空间及视线

图 1-4　《荷·出淤泥而不染》3（作者：唐超、罗彪，桂电 2008 级工业设计）

（2）"物我相生"是从系统中不同元素的相互作用的过程来体现的

"物我相生"是指自然与"人"在系统上的融合，两者密不可分。如果这里的"天"是指自然，那么自然是一个整体且不可分割，人也包含在自然中，与世间万物相生相依。

在自然界中，人与物同等重要、价值平等。《庄子》中就曾描述，万物并生、尽情成长，此情此景无疑是当今人类最期待的画卷美景。人是自然界的产物，因此人无法控制自然，而只能"服从"自然，即尊重自然的客观规律，适应事物的规律本性。

西汉的《氾胜之书》中写道："春，地气通，可耕坚硬强地黑垆土，辄平摩其块以生草；草生复耕之。天有小雨，复耕和之，勿令有块，以待时。"如两千多年前的西汉一样，人们知道，等地里长出杂草，再犁回来，更有利于五谷丰登。为了将地里的杂草与土搅拌匀，他们发明了犁壁，利用犁壁连续的曲面可以耕起土垄，并翻转碾碎，这是中国人基于对自然的观察，对原有生态系统的尊重和"以待时"的耐心，如图 1-5 所示。

图 1-5　西汉时期的犁壁

在"物我相生"系统观的指导下，设计师在设计过程中将人看作自然中的一部分。设计案例《"禅"灯》的设计灵感来源于人们在大自然的环境中禅坐时，体会到的内心感受，面对自然时人的渺小、自然对人的包容，使之感受到了前所未有的宁静。在设计"禅"灯产品的造型时着重体现了这一"物我相生"的内心感受，整体造型突出协调与平衡，形态的大小对比与协调；在材料的选择上，使用取之大自然的竹木与取之工业社会的合成金属，两种材质的结合碰撞更体现了人与自然相生相依，两者在系统上密不可分的融合，以此在流露时尚感的同时表达一种心灵的宁静。"禅"灯采用 LED 面光源照明，并具有紫外线杀菌功能，中间空腔部分可收纳钥匙串、手机，并进行消毒杀菌，一举两得，如图 1-6 所示。

设计案例《琴韵》出于作者对自然的观察，以期用灵动的形象来体现"物我共生"。设计灵感主要来源于古琴优雅的造型，并经过抽象、简化形成。整体造型如丝带般飘逸，营造轻盈的感觉，增加产品的文化韵味。在使用该产品时，该形态能将人包裹在产品中，使人与产品相互依存；材料采用钢铁和藤编，不仅体现了人尊重原始生态系统，利用可再生材料，还具有更好的稳固性和舒适性。该设计不仅可以在家居场所使用，还适合在户外的自然环境中使用，如图 1-7 所示。

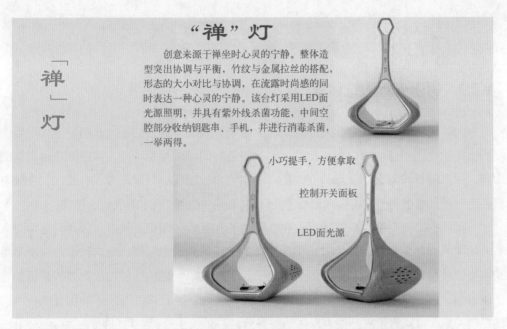

图 1-6 《"禅"灯》(作者:周忠炎,桂电北海校区工业设计)

图 1-7 《琴韵》(作者:廖鹏,桂电北海校区工业设计)

在中国传统思想中,由对宇宙平衡、和谐运作的认识,再到中国古代人类创造万物、为人做事"天人合一,物我相生"的思想在诸多方面得以体现。不难看出中国传统思想的整体化特征,即以对自然界整体万物的感受和认识,强调自然和人类、社会和个人的相互影响与联系,把事物置于一个有机联系的网络中进行观察。

中国传统的创新性造物思想还包括四个方面：人与社会、人与自然、人与人、人与物。以中国传统哲学为中心的"系统"观念，体现了"仁""礼""德""行"的具体特点。

1.2.3 阴阳五行的整体观

中国传统阴阳学说认为，天地阴阳的关系是对立统一的，在特定的情况下会产生变化。比如，在四季里，冷热是互相排斥的，但是它们可以互相转换。在严寒达到最盛的时候，严寒的气候将会向暖和转变，最终严寒将会被暖和的气候所替代；反之，在酷暑最盛的时候，酷暑的气候将会向寒冷转变，最终暖和将会被严寒的气候所替代。

一年四季冷暖交替，反映了阴阳在气候中的相互转化和相互依存。因此，这种对立统一的关系必然导致运动发展过程中所包含的矛盾达到动态平衡，而这种动态平衡是维持事物良性发展和健康成长的必要条件之一。阴阳五行学说认为，构成世界的最基础物质就是金、木、水、火、土，且五行之间相克相生，五种元素之间的这种相互成长制约的影响关系，体现着世界万物为保持动态平衡，不断以互相制约共存的方式联系。因此，世界上的一切事物都是在这种相互依存和相互限制中普遍联系，并实现协调发展的。

阴阳五行模式的整体观上的民族特色极具明显特征。基于整体性原理，中国古人认为宇宙是由极其复杂的元素以某种方式构成的，具有特定的结构和功能以及一个不断交换物质、能量和信息的动态整体。在特定意义的语境下，其更接近现代系统论的一些原则及思想。这一理念对中国的自然科学和传统哲学产生了深远及广泛的影响。中国先祖对世界的了解，大多都在精神中渗透。就自然科学而言，该模式的理论实际上是一个在农业生产、中医、历法、天文等领域具有主导影响的实用科学理论体系。但该模式仅满足对上述对象进行笼统的抽象描述，忽略了对对象的定性分析以及定量分析，甚至对其具体功能以及结构的分析。其不仅缺乏科学的实证基础，而且充满了非常迷信和虚构的经验。同时，对客体的解释显得非常空洞和牵强，因为它试图用这个体系包含客观世界的一切，这些缺陷的存在严重削弱了这一理论的科学和哲学价值。

围棋在中国古代称为"弈"，其一黑一白的棋子就体现着阴阳的二气五行，设计案例《两仪"棋笼"》是一款极具中国风的围棋棋笼，设计灵感来源于太极阴阳图。太极分阴阳黑白两极，对应围棋棋子的黑白二色，因此以其为结合点，将两物结合而得出的设计——两仪"棋笼"，结合合理。产品造型优美，色彩简洁，主要为黑白二色。棋笼合起来的时候为太极形象，拆开后白色棋笼装黑棋，黑色棋笼装白棋，意为阴阳两仪。体现了黑白棋子之间需要互相制约又需要共存的联系方式，不断保持着两者之间的动态平衡。中间凹进去的部分，用来放纸质棋盘，方便携带。棋笼材质为塑料，具有时尚之感，但产品的整体风格又呈现出古典纯雅，如图1-8所示。

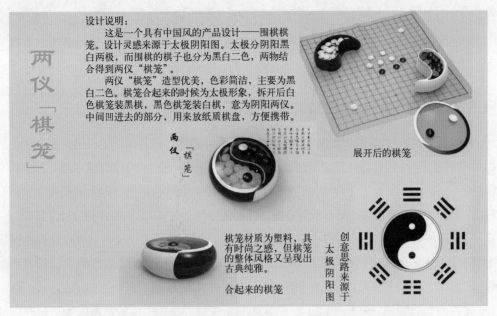

图 1-8 《两仪"棋笼"》（作者：唐锦钰，桂林电子科技大学北海校区）

/ 1.3 / 产品系统观

新时代，人们对产品设计的认识慢慢开始产生了变化，系统观也逐渐成形，摆脱了固有的只关注以产品为单一考察对象的模式，建立了更高要求层次的以整体系统为对象的系统观。

1.3.1 设计过程视角

从现代产品设计过程来看，产品设计不再是一个人能包揽全部的手工时代，而是需要不同员工、不同团队、不同部门的协调协作，更需要团队内或团队之间的互相配合和共同参与，才能从设计到制造把一切联系起来。因此，产品设计是一个从属于更大系统的过程系统。在整个过程中，必须随时对系统进行梳理，以体现完整性。

1.3.2 设计时代性视角

现代人在新时代的背景下，由"以实物为观察中心"的视角逐渐向"以系统为观察中心"的视角转变，人们在产品活动中，不仅从实体本身去观察、评价产品，而且通常用系统的观念去认识，将产品当作系统或者系统中的一个组成元素来认识，同时也把产品作为系统事物的发生、过程、功能和关系的认识。

现代人观察问题的观点已逐渐从"以物质为中心"转向"以系统为中心"。在产品活动中，人们不仅从产品单元内部观察和评价产品，而且通常使用系统的概念来理解产品，既将产品当作系统或者系统中的一个组成元素来认识，同时也把产品作为系统中事物的发生、发展和完成的纽带来认识。

1.3.3 学科发展规律视角

新时期，学科发展明显地呈现出分支和融合两种趋势：一方面，学科迅速多样化，产生逐渐细化的学科划分，并且逐渐增加新兴分支；另一方面，学科门类越来越广，学科发展范围不断扩大，出现了综合学科、外围学科甚至跨专业融合学科。因此需要建立学科系统观，掌握学科发展方向的两个不同方面，才能更好地从更高的层次去把握设计过程。

"物与物"关系的系统观和"人与物"关系的系统观，顾名思义，前者是体现物到物之间的相互作用联系，后者则是体现人到物之间的相互作用联系。现代社会，随着科学技术的进步，任何产品都能通过利用机械化发展带来的便利快捷的生产制造方式，达成工业化生产作业。单一产品等同于一个具体的系统过程。在一定的技术限制下，产品的制造生产过程还受到社会制度、地域文化、经济发展等各项条件的约束和依赖，使产品系统的相关特征更为清晰强化。因此，在现代社会中，单一的产品观已不能适应特定的产品设计。以能体现系统概念的人机交互系统作为主要对象。从系统的角度来看，必须考虑整个产品设计目标、设计资源要素和设计输出过程，以确保设计的良好效果。产品的全程设计以及生命周期都体现其系统性，所以就产品本身而言，也是系统的。

/ 1.4 / 系统观与产品系统信息化

系统化是产品设计的必然结果，而产品系统的信息化也是所有产品设计发展到一个新水平的必然趋势。几乎所有的产品开发都呈现出信息化的特征，主要体现在以下几个方面。

1.4.1 产品系统发展信息化

在互联网时代，市场需求更多元化、多样化，促使许多产品在设计时考虑如何用更优的方式来达到对人们需求的满足。因此，产品系统信息化成为一种通用的解决方案，以至于目前几乎所有被开发出来的产品系统越来越信息化，可以说信息技术已经融入人们的日常生活中。通过使用产品信息技术，可以有效避免产品出现同质化问题。同时，产品信息技术的融合可以有效提高产品的附加值，也可以满足消费者越发个性的定制化需求，延长产品的生命周期。

随着信息时代的到来，产品生命周期逐渐缩短，例如"唱片机到MP4"的发展过程就由慢到快。MP4对比MP3，它的产品推出时间只比MP3晚一两年；MP4对比唱片机，更替时间却长达半个世纪；在产品的不断更新换代下，MP4 实现了集视、听、录等多功能于一身；为缩小产品内在部件的体积、减轻总体重量，采用集成芯片技术，使其更便于用户的使用与携带；高新技术的融入，使该类型的产品实现了普及和"易用"。产品设计的信息化进程可以使产品的生命周期延长。例如，现代信息产品设计更偏重信息化界面设计，能有效地对产品内部结构进行优化，提升代代相传的产品系统体验，产品生命周期不断延伸至下一代。

1.4.2　产品系统设计信息化

当今的设计师与曾经的设计师所采用的设计工具有较大的区别，过去手绘、手工等传统的设计方式，向利用计算机的相关信息技术进行辅助设计转变，并行设计方法的出现和在设计圈的广泛推广应用，成为设计信息化及产品系统开发过程中极具代表性的表现之一。其内容是从产品系统的早期阶段就落实并行的思想，各环节相关人员一开始就需共同合作，生产部门、研发部门、销售部门、质检部门，甚至是合作厂商的相关人员、产品的用户代表等多方成员在制造生产、销售售后、技术服务等各种任务中相互配合，它遵循"设计→生产→销售"的固定流程和顺序，而不是等待时间结束的串行模式。并行模式使设计人员能够在设计和生产的各个方面更加精确并专注于他们的目标。它控制连接的关键元素，以便人们可以从一开始就专注于寻找和发现能够满足新产品性能的技能及技术，以此期望能够通过实现消费者对产品需求的最大化满足，从而实现企业经济利润的最大化。产品开发设计的并行设计方法一般采用 CAM/CAPP/CAE/CAD、快速成型、逆向工程、虚拟制造等现代制造技术。可以建立完善的质量监控体系，及时进行必要的调整。由此，传统的产品部件拼凑组装已经不能满足当今的产品设计需求，还需借助计算机以及各种技术参数规范，提高产品设计生产的信息化程度。

信息时代设计最具代表性的例子是由阿里巴巴公司的实验室自主研究开发的鹿班系统，如图 1-9 所示。该系统机器自主学习 + 智能图像生成技术 + 平面设计知识方法，多方面相结合，从日常基础应用场景中改变现有的设计传统模式，短时间内完成多种基础风格的横幅图、营销广告设计、海报，可以大大提高设计师及公司宣传的工作效率，用户不需要进行设计，只需要在鹿班系统中输入所设想的样式类型、尺寸和风格即可。鹿班系统可以基本代替人力完成材料分析、配色、抠图、匹配等费时费力的工作，实时生成可供用户选择的多套设计方案。

鹿班系统作为商业化的一款门槛低、利润高、效率高的智能 AI 设计产品，其出现打破了设计只能手动完成的固有独特印象，是人们对于设计行业认知的颠覆。借助人工智能，鹿班系统的素材库可以随时供专业设计师进行基础设计的调用，并且系统会相互推论以生成不同类型的设计作品。鹿班系统的出现，极大地体现了当代设计的信息化特征，

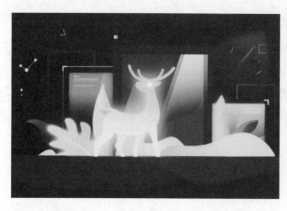

图 1-9　鹿班系统

作为互联网时代的一名普通设计师，需要考虑如何积极利用信息化成果，而不是被动且消极地完成几项重复性的工作。

1.4.3　产品制造信息化

产品制造生产的基本特征是工业化。随着信息时代的到来，制约现代制造业的主要因素是信息要素。信息化促使生产产品的工业化生产劳动转变成为知识化生产劳动。小批量和多品类的设计及生产方法正在取代早期的少品类和大批量的设计及生产方法。这种方法的成功转化取决于被广泛应用的计算机信息技术，实现了"机控机器"，如图 1-10 所示，将人们从需动手操作的体力工作岗位和需要部分脑力劳动的工作岗位中解放出来。在某种程度上，这将使人们的脑力工作转向开发深入的智力资源。

产品制造信息化在不断研究更迭下进入智能制造的新阶段。IM（Intelligent Manufacturing），即为智能制造系统，在人类专家与智能机器的互相协同下形成人机一体化，在参与制造过程中可实现推理分析、构思决策、任务判断等智能活动。在智能机器与人类的共同参与下，智能制造系统外延发展的同时，在生产环节也一定程度取代了人类制造专家独立开展脑力活动。它进一步完善了制造自动化概念，扩展填充了灵活性、智能性和高集成度等相关特征，如图 1-11 所示。

智能制造系统具有以下特征。

（1）自主学习

能够主动收集信息和具备理解能力，即在自身信息与环境信息的基础上，分析判断和规划统筹自身行为的自主能力。自律的设备被称为"智能机器"，它表现出一定程度的独立性、个性以及自主性，还可以相互竞争和协调。自律的基础源于知识模型以及强大的知识库。

图 1-10 汽车工厂焊接车间

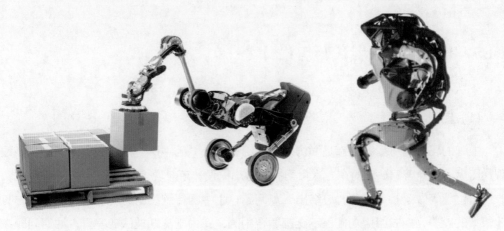

图 1-11 机器人已经能够参与很多制造工作

（2）人机融合

一方面，人机融合强调人在制造系统中的关键地位；另一方面，通过智能机器的协同，更好地释放人的潜能。人与机器呈现统一的关系，平等合作，在相互"理解"中平等协作共事，两者可以在不同的层次上发挥作用，相互补充。所以，在智能制造的相关系统中，高智慧、高素质的人发挥着更好的作用，机器智能与人类智能真正融合、协同、相得益彰。

（3）虚拟现实技术

智能制造系统利用多种视听和传感设备，将关于此类的多项技术融于一体，如智能预测推理技术、影像多媒体技术、仿真虚拟多媒体技术等。通过计算机控制，虚拟出真实世界的相关场景，甚至是未来、游戏场景、梦境等，使人仿佛置身于虚拟出来的环境中，带来多感官、全方位的真实感受。依据设计者或使用者的相关意愿可以任意改变虚拟内容，且其人机结合呈现的界面也体现了智能制造理念。

（4）自组织和超柔性

根据工作运营的各项不同任务，智能制造系统可以发挥其自组织特点，集合形成结构的最优化。超柔性的特征使智能制造系统仿佛具备了人类的生物特性，特别是在结构组成和运行形式上。

（5）维护和学习

一个智能制造系统实际上可以在工作过程中不断丰富其知识库，其自身也具备自学习能力。与此同时，它可以在系统运行过程中不断进行自诊断，对其发现的问题能迅速地进行自排查与维护，因此智能制造系统拥有了可以适应多样的工作环境并不断优化的能力。

/ 1.5 / 案例：中式现代厨房设计 ❶

（1）案例背景

中国的现代厨房基本上都是模仿外国的厨房设计，因中西方饮食文化的差异，多数现代厨房的设计普遍缺乏对东方饮食习惯的考虑。设计者对现代厨房的布局、烹饪方式、收纳、供能等做了相关调研，总结出五点问题：①中国传统的厨房功能区布局与西方有比较大的差异，西式厨房功能区不全都适合中国；②由于烹饪技法的差异，油烟问题在大环境中还是没有得到很好的处理；③中式食材众多，临时储存区的面积小，不够食材的放置；④锅盖和锅铲的放置，在现代厨房中没有满意的解决方式；⑤能源没有得到很好的利用。

（2）中西方厨房的发展

从中国和西方的厨房发展史可以看出，西方厨房由简入繁，中国厨房由繁入简。因为中西方厨房的传统烹饪习惯和理念都有很大不同，中国菜美味的根源是烹饪手法的丰富，而现代主义厨房的洗、切、炒三段论，是根植于西方传统生活方式。早期的欧洲民间厨房相当简陋，而我国民间厨房在早期就已经进入分工明确的阶段。加上经济效益的驱使，中国的橱柜行业缺少原创思考，早期房屋户型缺乏设计思维。传统厨房里的生活布局，应该出现在我们的设计思考当中。在此，分别对中西方的厨房发展进行了整理，如图 1-12 和图 1-13 所示。

---

❶ 设计者：梁晓琳，桂电 2017 级产品设计。

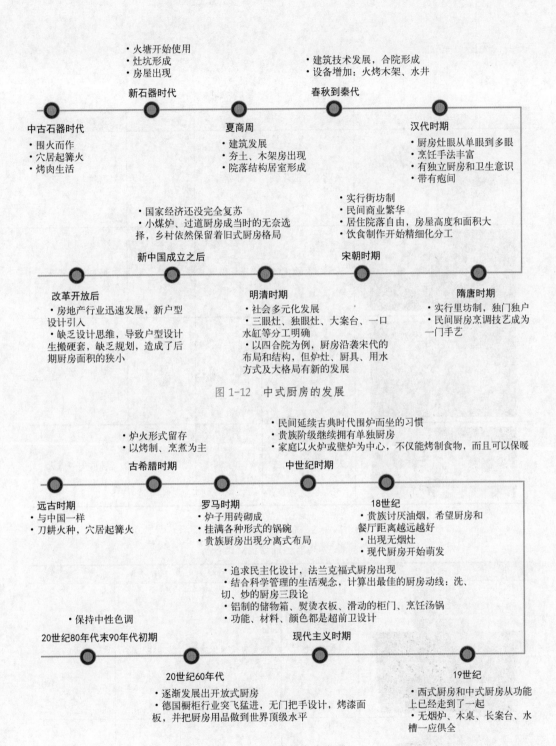

图 1-12　中式厨房的发展

图 1-13　西式厨房的发展

（3）对厨房产品进行市场调研

对厨房中的主要产品进行分析调研，分别选择炉具以及抽油烟机进行市场调研，见

表 1-1 和表 1-2。

表 1-1　现有炉具对比分析

图片示例	气种	材质	灶眼 / 个	点火方式
	天然气、液化气	不锈钢	2	脉冲电子点火
	天然气、液化气	钢化玻璃	2	脉冲电子点火
	天然气、液化气	钢化玻璃	1	脉冲电子点火
	天然气、液化气	不锈钢	2	脉冲电子点火

表 1-2　现有抽油烟机对比分析

图片示例	吸气方式	材质	按键类型	智能类型
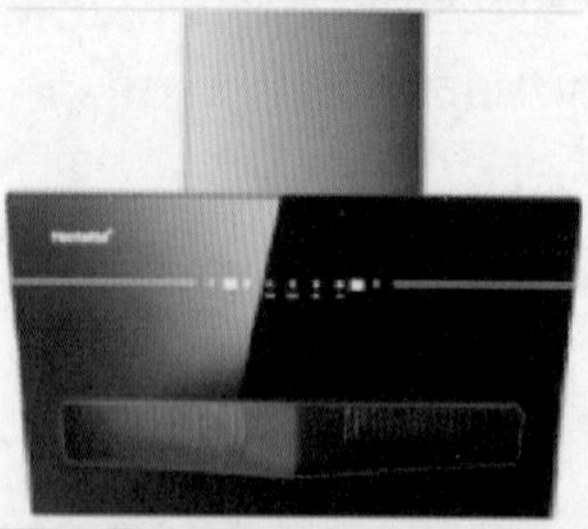	侧吸式	不锈钢、钢化玻璃	触控式	其他智能
	侧吸式	钢化玻璃、冷板喷涂	触控式	不支持智能

续表

图片示例	吸气方式	材质	按键类型	智能类型
	顶吸式	钢化玻璃	按键式	不支持智能
	侧吸式	不锈钢、钢化玻璃	触控式	不支持智能

设计师在设计作品时，需要考虑整体系统的效果，而不是只考虑某一部分的单一功能，通过研究厨房中的主要产品，得出以下思考。影响现代厨房的整体系统布局的原因有以下四点：①缺乏设计思维，导致户型设计生搬硬套，缺乏规划；②没有更具传统的演变，设计出属于中式烹饪的厨房，只看重西方厨房的外形，没有注重其使用功能的适用性；③炉具的设计影响着中国传统的灶台位置；④油烟问题没有得到很好的解决。

（4）设计输出

根据以上的系统分析，提出设计目标。首先在布局上，结合西方厨房布局的优势，设计出适合中式烹饪使用的厨房布局。其次在厨房功能上，继续解决油烟大的问题，锅盖、锅铲的放置需要更加合理。最后在设计价值上，使厨房不仅仅是一个烹饪的场所，更是一个情感的交流地，提高用户幸福指数。设计草图过程中，注重系统概念的指导，突出传统中式厨房以灶火为中心的使用布局习惯。根据现代的厨房布局，在此基础上做出系统化的设计，如图1-14所示。建模渲染过程中，运用中式传统纹样，从整体考虑其造型装饰，并在整体布局、功能设计、产品细节上体现了产品系统观的思想，还在纹样材质选择上体现了中国传统系统观思想，如图1-15所示，最终完成整体厨房设计。根据现代的厨房布局，在此基础上做出系统化的设计，保留中国传统厨房灶台的造型，用中国传统花纹设计出刀、砧板、锅盖的收纳区域。考虑中式烹饪的油烟问题，设计其独特的抽油烟机及灶具，斜式抽油烟机不易碰头，且三大灶台底部互相连通，更加节能。较大空间的厨房可容纳多人同时操作，使厨房不仅仅是一个做饭的场所，更是一个情感的交流地，体现了系统观不仅考虑整体性的使用功能，更注重精神价值的理念，如图1-16和图1-17所示。

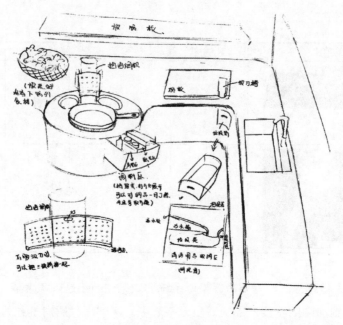

图 1-14　设计草图

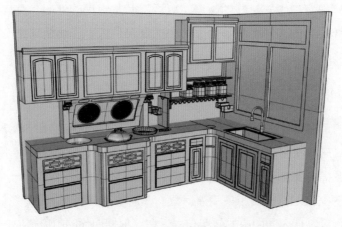

图 1-15　设计建模效果

图 1-16　设计最终效果

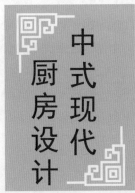

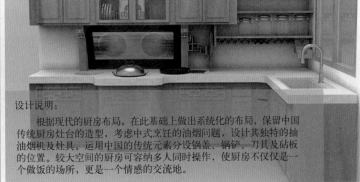

设计说明：

　　根据现代的厨房布局，在此基础上做出系统化的布局，保留中国传统厨房灶台的造型，考虑中式烹饪的油烟问题，设计其独特的抽油烟机及灶具。运用中国的传统元素分设锅盖、锅铲、刀具及砧板的位置。较大空间的厨房可容纳多人同时操作，使厨房不仅仅是一个做饭的场所，更是一个情感的交流地。

场景使用图

产品细节

用中国传统花纹设计出刀、砧板、锅盖的收纳区域

桌面的垃圾筒，只需轻轻一推就可以打开，也可以自动复位，并且有垃圾的收纳空间，更加美观

斜式抽油烟机不易碰头，且三大灶台底部互相连通，更加节能

调料瓶收纳区，存放空间大，拿取方便

尺寸图

三视图

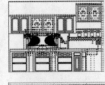

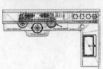

厨房面积：7m²
长：3.5m
宽：2m

图 1-17　中式现代厨房设计效果展示

/ 本章小结

　　结合本章的学习，可以对系统的基本概念与系统观的发展进行梳理和了解。特别是从中国传统文化的"阴阳五行""天人合一""物我相生"理念中学习中国传统系统观的综合性以及整体性内涵特征。随着社会的进步，进入信息时代，产品系统的整体设计开发、生产制造、经营销售都呈现出十分明显的信息化特征，尤其是在人工智能技术发展越来越成熟后，"设计＋人工智能"的出现和发展，使系统的开发体现了更高的设计生产效率并取得了更好的产品效果。

/ 思考与练习

　　1. 阅读相关的中国传统文化书籍，撰写一篇关于中国传统系统设计思维的读后感，要求 500 字以上，并且手写。

　　2. 系统观、中国传统系统观、产品系统信息化都有什么特点？

　　3. 通过本章的学习，对产品系统设计有什么新的理解？

第 2 章
/ 产品与产品系统

/ 知识体系图

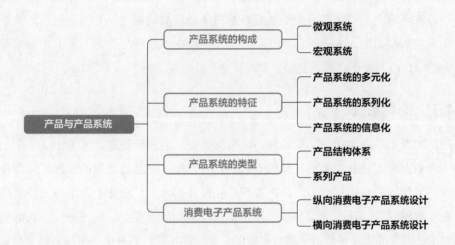

/ 学习目标

知识目标

1. 掌握产品系统的概念及产品系统的基本构成和类型。

2. 从系统角度了解产品的体系化。

3. 了解家族化特征。

技能目标

1. 掌握产品系统的基本要求，初步具有产品系统设计观。

2. 能够举例说明产品系统的分类及应用情况。

/ 本章概述

本章通过便携"迷你"厨房、中风患者康复助行器、可拆卸竹制家具、无叶风扇、洁牙机外观设计、智能热水燃气灶——燃气灶＋热水器、青年公寓厨房等案例，详细说明了产品系统的具体设计形式。设计的目标和任务各不相同，在实际设计过程中使用的设计方法也各不相同。总体而言，现实产品的商业设计有较高的经济目标，更加关注市场和用户研究以及对公司的实际影响，而概念设计则优先于社会发展预测，发现用户的潜在需求，并且关注设计伦理，期待着在未来设计中的创造性。因此，必须根据项目的实际情况，合理选择适当的产品系统设计方法。

/ 2.1 / 产品系统的构成

产品系统包括两个方面：一个是微观系统；另一个是宏观系统。宏观系统是指产品本身与外部环境之间的联系，微观系统是指产品要素与结构之间的相互联系。微观系统与宏观系统都很重要，统一于整个产品的生命周期中。从产品生命周期的角度来看，产品系统的设计是人类社会的重要组成部分。

2.1.1 微观系统

产品的微观系统包括产品的功能、结构、材质、色彩等要素，如图 2-1 所示，各要素之间既具有相对独立的地方，又相互联系。一方面，产品是功能的载体，实现产品的功能是产品设计的最终目的，因此在众多产品设计要素中，功能要素是首先要考虑的要素，它决定着产品设计的意义，其他要素也为实现功能而存在。另一方面，功能来源于人的需求，但人的需求是复杂多样且多变的。需求的不同，则产生了产品造型、材质、结构等要素的不同。作为设计师，应该时刻注意需求的特点，而需求的多样性、多变性正是设计的创意来源。例如铅笔的演变，从圆头铅笔转变到涂写答题卡用的扁头铅笔，便体现了因产品需求的改变而产生的造型改变。因此，在产品微观系统中，需要根据产品定位来决定功能定位，而功能定位源于特定的需求。例如便携"迷你"厨房设计（图 2-2 和图 2-3）：这是一款专为独居人士、"白领"设计的集成厨房。其具备基本的烹饪功能，切菜、炒菜、煮饭，方便独居人士；该产品使用方便，易于清洁，便携小巧。

此外，除了改变产品结构与造型外，改进和指导人们的行为也有助于更好地提供系统服务和开发成功的产品。如公共自助产品共享单车、共享充电宝等的功能定位，也为更多有相关需求的人群提供了新的解决方案。由此可以看出，对于一个非物质化的信息社会，产品的微观系统要素的设定绝对不是设计师的心血来潮，而是取决于公众需求特点。

图 2-1 产品的微观系统

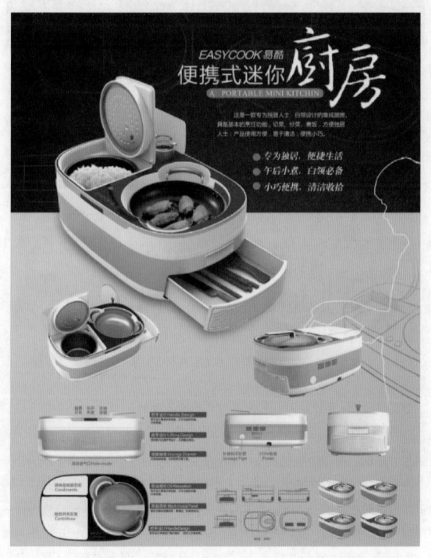

图 2-2 便携"迷你"厨房方案 1（作者：黄俊煜，桂电 2014 级产品设计）

图 2-3　便携"迷你"厨房方案 2（作者：黄俊煜，桂电 2014 级产品设计）

2.1.2　宏观系统

如图 2-4 所示，产品的宏观系统必须由消费者在特定的社会环境中使用，才能发挥其功能。在宏观经济学的产品体系中，环境作为"布景"，产品作为"道具"，特定的社会背景下，用户需求是核心。例如中风患者康复助行器设计（图 2-5），该设计主要针对患者的康复过程，以轮椅、立轮式助行架、交替助行架各模块间的相互转化来满足康复前、中、后期不同的康复阶段的需求。多模块的自由转化能够及时满足不同康复过程的需求，节省了多次购买不同康复器材的资金，减少了浪费。协调是现代产品设计的有效系统标准，以及外部系统的多层次方法，这些方法将有助于加强产品的环境一体化。确保人与产品、产品与周围环境之间的有效互动。设计时需要考虑使用周期和产品维护周期等因素。对于使用周期较长的产品，应尽可能为产品的改进提供机会，以便能够跟踪未来的科学和技术发展。单个产品的设计和制造成本相对较高，因此作为设计师更有理由在节约资源的情况下，让每个产品都发挥它的效率。例如可拆卸竹制家具设计（图 2-6），采用天然的竹材，通过榫卯结构进行拼装组合而成。对于餐椅，在一张板材上依据尺寸数据切割出每一个零件，通过插接方式连接，几乎没有废料。餐桌上的四个腿相互垂直插接，较短的两个腿的零件比较长的高出 2 厘米，做成燕尾槽，从桌面的榫槽中插进去，将腿与桌面连接。对于储物柜，在控制结构架的板材上采用燕尾榫和直角榫设计，在中间穿插一些搁板。

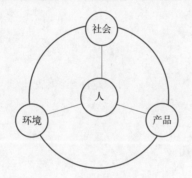

图 2-4　产品的宏观系统

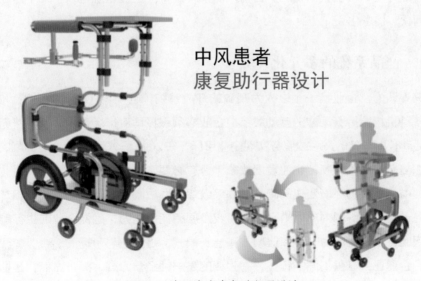

图 2-5　中风患者康复助行器设计

可拆卸竹制家具设计

图 2-6　可拆卸竹制家具设计

/ 2.2 / 产品系统的特征

随着人类社会的发展，物资变得异常丰富。这种丰富使得产品系统变得复杂，但系统在人类的才智下仍能正常运转。目前产品系统的特征主要表现在以下几个方面：多元化、系列化、信息化。

2.2.1　产品系统的多元化

系统界认为，企业是一个以人为基础的开放系统，它与客户、竞争对手、供应商、政府和各种机构保持着动态的互动关系。企业必须积极适应市场环境、制定目标、开展必要的活动，以多元的产品或服务实现企业目标。在20世纪70年代，企业面临的环境比以往更加复杂和危险，制定企业发展战略十分有必要。根据战略管理理论，企业必须基于长期利益分析市场环境变化的趋势，并采取综合办法制定发展战略，明确相对稳定的基本方向，组织和协调内部力量，加强自我发展和竞争能力，确保企业的生存能力和稳定性。因此，多元化成为一种商业模式和增长模式，是企业与市场的结合。多元化一方面指的是企业业务涵盖不同的行业，它强调的是一种经营方式，另一方面，是指企业经营某一产业的多样化发展。

企业产品的多元化是企业经济增长的战略和方式之一，它可以通过自身的多元发展来适应外部的经营环境，避免在市场竞争中处于不利位置，促进市场或行业差异以实现经济增长。而产品的多元化是现代企业最显著的特征，它以产品的形式展现人类社会发展需求，是对人类日益增长的需求作出反应的结果。通过产品的多元化，可以尽可能满足消费者的需求，使他们能够获得更好的服务，而产品提供的服务展现了企业生产系统的成熟性和产品市场一体化的成功。

如图 2-7 所示，无叶风扇机便是产品多元化的结果。智能无叶风扇在传统风扇产品发展的基础上，结合现代信息技术和科技的发展，使风扇产品可以通过连接手机智能地调控风力大小，并且能调节场景模式，根据不同的场景做出不同的风速以及不同方向的调节，并可以通过 LED 显示屏反馈当前室内温度与湿度给用户。

图 2-7　无叶风扇（作者：杜志华，桂电 2017 级产品设计）

2.2.2　产品系统的系列化

产品配置战略是一种广告策略，使产品配置在被广告时，制造商能够互惠互利。同时高度标准化产品，具有很高的发展水平，是标准化进程中的一个标志；系列化产品代表了最佳的结构和最佳的功能标准化。一般来说，系列化产品是根据同样类型的发展规则进行的分析性研究，并以全面的技术经济比较为基础制订合理的机制和计划，包括产品的基本参数、形式、尺寸和基本结构，以协调产品与配件之间的联系。

在同一时期，产品的多元化是根据不同需求进行横向分配的结果。因此，在某种程度上，系列化产品是同一类产品纵向扩展的结果。这表明同一个品牌的产品，在保留产品优秀"基因"的同时又在不断优化。技术更新的加速丰富了产品种类，同时制造商在有效期内享有更广泛的利益，并保持和提升了品牌地位。因此，产品系列化是消费者要求提高产品功能和企业与技术之间的平衡的结果。

产品系列化（图2-8）有重要的经济意义：①加速新产品开发，提高品质，方便使用，减少备用零部件；②通过优化产品，扩大覆盖面，提高专业水平，减少设计和生产设备的时间及成本。

图 2-8　产品系列化

如图 2-9 所示的是产品系列化设计，体现出较好的整体形象。

图 2-9　产品系列化设计

2.2.3　产品系统的信息化

产品信息是信息化的基础，其中包括两个方面：第一，产品中的信息比例越来越大，材料数量越来越少，产品从产品特性转向产品信息特性；第二，产品中的智能元素越来越多，使产品具备信息处理功能。

产品信息应采用两种技术。

① 使用数字技术，增加传统产品的功能，提高产品的附加值。如图 2-10 所示的洁牙机是针对 0 ~ 18 岁的患者设计的，所以在造型上突出可爱、色彩鲜艳的特点，以防止稚嫩的心灵对治疗产生恐惧等不适心理。产品造型自然、时尚、大方，极具亲和力。创

新的界面设计简洁、直观，尽可能地帮助医生避免操作错误；同时，简洁直观、具有操作错误提示的界面减缓了牙医的压力，提高了牙医的工作效率。圆润、亲和的造型，完善的系统，无疑使患者产生信赖感，降低治疗压力。

② 网络技术方面的使用。例如网络电冰箱通过互联网控制中心进行控制，它们可以告诉用户什么时候需要添加新的食物。可以看出，产品的品质差异来自服务带来的产品附加值。

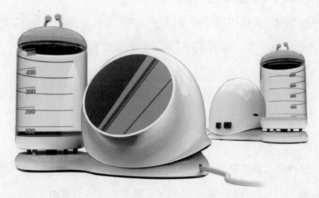

图 2-10 超声洁牙机——蜗牛仿生设计（作者：韦敏芳，桂电 2009 级产品设计）

信息社会中的现代产品不能脱离信息标签，而产品信息是现代产品系统化的重点。随着信息的重要性越来越明显，信息本身成为最重要的产品，产品成为信息的载体。信息一体化完全融入了产品的生命周期，从产品设计到销售和售后服务，没有不受信息技术影响的。

/ 2.3 / 产品系统的类型

产品的功能单元是指那些对产品的整体性能有贡献的独立的运动或支撑部分，各功能单元在确定以某种技术和实体零部件来实现之前，常常以简图的形式加以描述。

2.3.1 产品结构体系

生产系统分为模块化构造体系和集成化构造体系。构成整个产品结构的组成部分彼此密切相关，没有明确的联系。

（1）模块化构造体系

产品结构的一个特点是它的模块化程度。模块化的系统结构有两个主要特点。

① 各个组件分别执行一个或若干个功能。

② 各组成部分之间的关系明确，这些关系往往是实现产品相关功能的基础。

（2）集成化构造体系

与模块化构造相对的是集成化构造。集成化构造一般具有下列一个或若干个特征。

① 产品的每个功能单元都由多个组件来实现。

② 每个组件参与多个功能单元的实现。

③ 各组成部分之间的关系不明确，对于产品的基本功能不一定很重要。模块化只是产品构造的相对特征。很少有产品是完全模块化或集成化的。

2.3.2 系列产品

（1）纵系列产品

功能、原理、结构相同或类似，但结构尺寸不同，特征是从小到大，被称为系列产品。例如，不同屏幕尺寸的电视机系列产品（1 英寸 = 2.54 厘米）。

（2）横系列产品

结构原理相同，但功能大同小异的，被称为横系列产品。其主体结构具有相似性，但功能却有独特性。例如，同为 55 英寸的电视机有普通型、带语音控制功能型等；家用汽车有手动挡、自动挡；自行车分为普通型、山地车、沙滩车等。

（3）跨系列产品

使用相同或类似的基本功能参数，主要基础件和通用零部件相同，但功能和用途各不相同，即所谓的跨系列产品。例如，拉伸机、油轮、钻机、卡车等都以内燃机为动力，当内燃机连接不同的工作机器时，就形成了跨系列产品。

/ 2.4 / 消费电子产品系统

在消费电子产品设计中，设计并非只是针对产品或产品的某一两个环节，而是侧重于整个系统和系统过程。这是因为消费者不仅关心产品，同时也关心精神上的满足。几年前，产品只是为了实现某种功能，而现在，在购买产品时，人们从纯看重功能转变为更看重服务。

从系统分类的角度来看，生产系统分为纵向系统和横向系统，包括许多相互关联的因素。这些因素相互加强，相互关联，形成一个产品设计系统，这个系统是根据该机构的产品设计系统形成的。例如智能热水燃气灶是热水器 + 燃气灶（图 2-11）。该设计是为了减少能源的浪费，且提供了三餐洗碗的热水，为生活提供了便利。其设计过程共有五步。

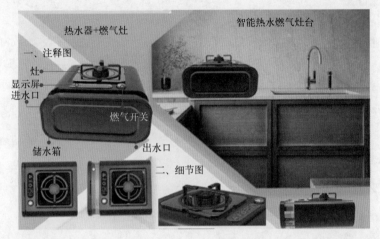

图 2-11　智能热水燃气灶——热水器 + 燃气灶（作者：高榕锴，桂电 2017 级产品设计）

第一步，确定人与厨房的关系。

厨房家具的种类很丰富，不同区域的人对于厨房家具的选择也是不尽相同的。

① 按空间位置分类：地柜、吊柜、高柜。

② 按操作台面分：分体式、整体式。

③ 按布置形式分：单排、双排、L 形、U 形、岛形。

④ 按功能分：灶柜、洗涤柜、操作台柜、调料柜、米柜、抽屉柜、拉篮、吸油烟机柜、储藏柜。

第二步，进行系统调查。

把智能燃气灶和热水器组合在一起，构成了智能热水燃气灶，减少了做饭时的资源浪费，保证了平时擦洗餐具时正常使用的热水，为生活提供了便利。

智能热水燃气灶由进水口、出水口、储水箱、温度计显示、警报器等组成。箱内水温过高的警报器显示，能让用户小心使用。人性化的温度显示屏，在使用时可以让用户安心、放心。易有水垢的部分为塑料材质，可更换，模块化设计节省了更换成本。

第三步，画设计草图，如图 2-12 和图 2-13 所示。

第四步，画定案图，如图 2-14 所示。

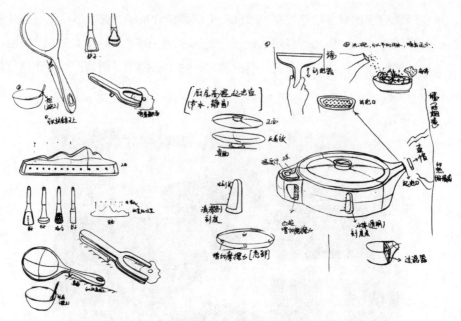

图 2-12 草图设计

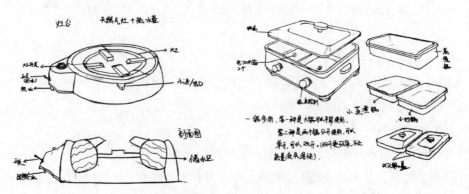

图 2-13 草图细节

图 2-14 定案图

第五步，进行其他图形绘制。建模图如图 2-15 所示，尺寸图和三视图如图 2-16 所示，细节图如图 2-17 所示，产品图如图 2-18 所示。

图 2-15　建模图

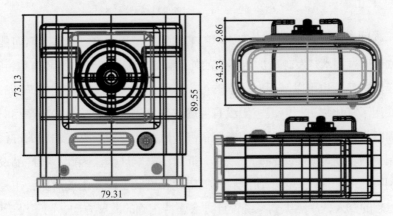

图 2-16　尺寸图和三视图

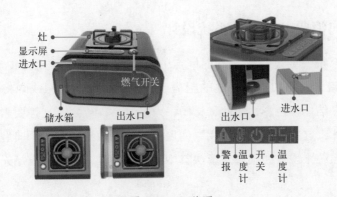

图 2-17　细节图

2.4.1　纵向消费电子产品系统设计

纵向产品系统通常是以稳固性为导向。从第一代产品开始，就有了全新的外观，然后是第二代、第三代，甚至是多代产品，必须考虑如何对其进行改造。在随后的产品质

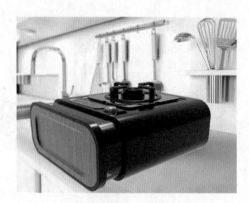

图 2-18　产品图

量改进时，必须考虑到各种因素，例如材料节省、加工和生产，这些因素可能会降低生产成本，或者通过技术开发，再加上不同的外部和结构设计，使产品具有独特的全面性，从而产生新的产品，也可以减少对环境的污染。像第一代空调产品，从产品的使用功能进行考虑使用了氟化物进行降温，但没有考虑对环境的影响，从而导致产品对环境的污染。产品需要大量的电力，而且使用费用很高。因此，在更新纵向发展的过程中，工程师和产品制造商不断地研究如何降低成本，而且不影响环境。因此，在产品设计改善过程中，特别是二代和三代产品，可以看到无氟化和变频空调。由此可见，正是由于可持续性设计思想的介入，产品纵向系统设计才会坚持正确的发展方向，而不至于偏离轨道，体现了设计的责任感。

2.4.2　横向消费电子产品系统设计

横向产品系统主要是基于某一时间点的由多种因素组成的系统，所以基于横向产品设计系统设计，例如青年公寓的厨房设计，就是在产品构成中将众多的联系因素，比如功能、结构、色彩、线性、材质、人机关系、社会人文等要素，进行横向联系，并自成一体，这些要素相互作用，体现出整体的效果，构成了典型的横向产品系统。对于产品系统来说，如果只是解决其中某一个问题，在整体上是无法达到设计要求的。

第一步，进行定位。

调研发现，青年公寓的空间较小，青年人对空间的多元化需求更强烈，并且用厨房的时候比较少，所以厨房的储存空间和规划非常重要。嵌入式的家具相对比较节省空间，且占地面积小，厨房的储存空间随之增加。并且青年人对于空间的个性化要求也很高，希望拥有不一样的厨房。

第二步，画产品草图，如图 2-19 ~ 图 2-23 所示。

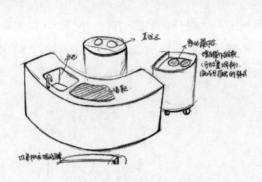
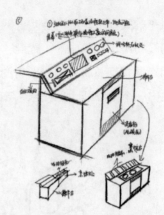

图 2-19　产品草图（1）

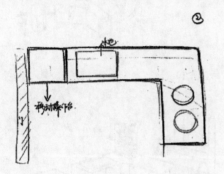
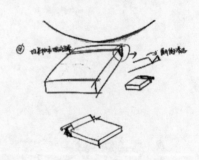

图 2-20　产品草图（2）

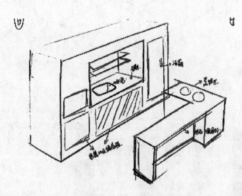
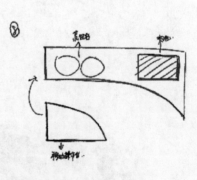

图 2-21　产品草图（3）

　　第三步，进行模型渲染，具体效果如图 2-24 ～图 2-26 所示。

　　在设计方面，为了最终实现既定目标，必须将各种要素结合起来，并根据可持续发展的要求加以制定。例如电动汽车。人们通常认为电动汽车不使用燃油，而是通过电力来减少能源消耗，减少最终气体排放，这是可持续的。但是，还必须考虑到，在生产电动汽车的过程中，会产生明显的环境污染，同时也会产生生产成本问题。目前，许多汽车厂没有考虑回收电池。因此，如果用系统的方法来分析系统的各个环节，可以发现这些因素是相互关联和相互矛盾的。因此，如果可以对设计进行一个全面的评估，就可以开发出一个符合设计要求的产品系统。如图 2-27 所示为青年公寓厨房设计。

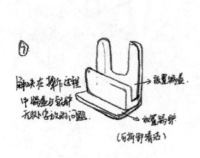
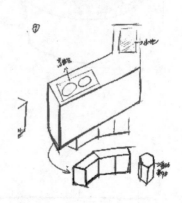

图 2-22 产品草图（4）

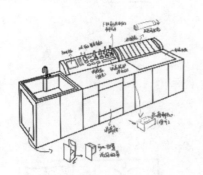
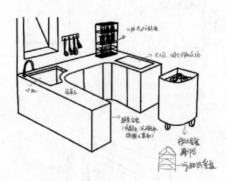

图 2-23 产品草图（5）

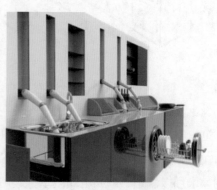

图 2-24 模型渲染（1）

图 2-25　模型渲染（2）

图 2-26　模型渲染（3）

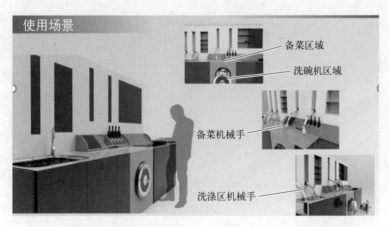

图 2-27　青年公寓厨房设计（作者：李畅畅，桂电 2017 级产品设计）

/ 思考与练习

1. 找出 5 个经典的国内外产品系统设计案例。

2. 分析 1 个经典的产品系统设计。

3. 思考怎样构建一个产品系统?

第3章
/ 产品系统设计要素

/ 知识体系图

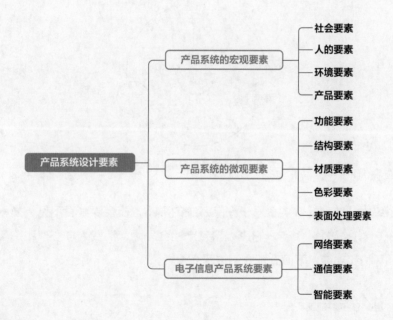

/ 学习目标

知识目标

1. 掌握产品系统设计的概念。

2. 理解产品系统设计要素的分类。

3. 了解电子信息产品系统的内容。

技能目标

1. 能够清晰地描述一个产品中包含的系统要素。

2. 能够举例说明某一要素在具体产品中的体现。

/ 3.1 / 产品系统的宏观要素

从产品宏观系统的定义来看，产品系统的宏观设计要素分别是人、产品、环境和社会。宏观设计要素的设定，是依据产品的系统观，分别从不同的角度探讨这四个要素自身的特点以及在系统中的相互作用，以求让系统发挥更好的作用，从而实现设计目标。从四个要素的相互关系来看，社会要素是整个社会所呈现出来的具有共同性的特征，是通过人、产品和环境等所呈现出来的具有一致性的文化影响，所以社会要素主要借助文化手段进行呈现。宏观系统的四个要素相互关联，相互作用，形成了综合产品系统（图 3-1）。

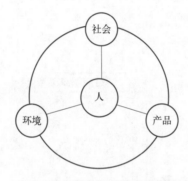

图 3-1　产品宏观系统构架

宏观系统中要注意社会要素对于产品系统的影响，社会要素看不见、摸不着，但是对产品系统起着决定性的影响，它影响着整个社会思潮，消费人群心理和购买意愿，直接影响产品风格和功能。下面分别介绍这四个要素。

3.1.1　社会要素

只要社会存在，就会有文化现象，人文表达的精神会渗透到社会的各种物质中。产品既是社会发展的产物，也是人类发展的产物。如电话从座机发展到移动式，从单纯的电话通信发展到个人商务终端，发展的主干线是靠科技进步支撑，但其中的消费概念、沟通概念、集成概念、操作方式、形态关系无一不是社会人文现象的集中体现。

（1）社会人文要素

社会人文要素主要考虑设计定位和发展的软性方面以及不同文化的发展趋势。系统设计中直接面向消费者的社会和人文的方面如下。

一是文化礼仪观，具体反映为社会文化发展，产品技术成形的同时，在文化内涵上也同时烙下印记，产品面对的消费者有不同文化背景的差异，所以很多产品设计是从文化背景中挖掘出的形象元素的深化表现。

二是社会审美流，在各个层面上形成的对美的判断的主导倾向，反映在选择消费对象或与外界意识的判断和表达上。如图 3-2 所示，汽车前脸和车灯的不同设计，既能体现个性的差异，也能体现速度感和时代感的认知差异。

图 3-2　轿车大灯个性化设计

（2）物品功能价值观

由于不同时代，产品的功能和使用普及程度不同，人们对于产品的使用评价不同，所以呈现出整体的物品功能价值观。比如手机和汽车代表不同时代人的追求目标。20 世纪末，手机曾经作为身份和地位的符号，呈现出特定的物品价值观，而随着时间的变化，这种价值观念逐渐转变，现在更多地呈现为实际使用功能；而类似的观念转变正发生在汽车产品上，随着轿车逐渐进入普通家庭，人们对于轿车产品的看法也在发生变化，这些产品本身也在发生分层，从综合性的整体观分为普通型和豪华型。所以物品的功能价值观也会影响产品的设计。

手机与汽车设计体现出特定人文因素，如图 3-3 和图 3-4 所示。

这种价值观伴随时代发展的步伐时刻变化着。从宏观的产品系统设计的角度来看，社会、人文现象要从社会经济、产业结构、家庭、就业、城市结构等方面收集价值观转移的可变因素。注意如何利用这样的物品价值观来延长产品的生命周期，同时结合社会的因素提升产品的综合附加值。所以物品功能价值观并不是对产品的限制，而是提升产品价值的途径，这就需要设计师有更宽广的视野，更高的角度，从系统角度去理解产品，从而更好地驾驭产品，才能从社会、人文方面延续塑造附加值。如不断升级的手机功能界面和更人性化的操作使用方式，汽车配置的人性化变化和新的结构方式，以及新式的行李箱设计。

图 3-3　手机设计体现特定的身份和地位

图 3-4　名贵轿车体现出特定的阶层特征

　　如图 3-5 所示为新式拉杆箱创新设计，设计师抓住市面上拉杆箱存在的"痛点"进行系统化设计，以拉杆设计为创新点，在拉杆底部设有一个凹槽，按其按钮即能以伸缩的形式将拉杆与箱体处延伸出一个空间，可放置多余的拉杆箱。拉杆的加粗设计，打破了常规拉杆的造型，提高了拉杆的稳定性，方便消费者推拉。在拉杆箱的箱面设计了置物板，打开时可放置物品，闭合时与拉杆箱融为一个整体，操作简单，造型简约。拉杆箱的后轮部分设计了脚刹，使用时用脚部的力量轻轻踩下即可。新型拉杆箱设计造型简约，以黑色为主色调，与橙色搭配，具有一定的视觉冲击力，符合了年轻人的需求，顺应了时代的潮流。

尺寸图

伸缩形式可拉开空间　　设计了置物板，操作方便

独特的脚刹设计　　加粗的拉杆设计更稳固

其他角度效果图

存放多余箱子　　多功能休闲使用　　人机使用图

图 3-5　新式拉杆箱创新设计

（3）区域风情

不同地区的人有不同的风俗习惯，任何一件产品落实到消费的土壤上都必须根据产品的区域消费观、情感习惯、生活习性、社会价值体现、交流方式等元素进行再设计。对于我国来说，东西差异、南北差异比较大，所以产品在不同区域使用时也存在很大的地域差异，需要结合不同的地域风情展开设计。桂林特色茶具设计如图 3-6 所示。

如图 3-7 所示的家具设计，区域风情是在一定范围内，由综合因素决定的风俗、习惯、观念所产生的种种现象，如南方人纳凉时使用各式自制的凉椅，北方人厨房工具中离不开几件顺手的面食工具，巴西人钟情的"高尔"微型车在中国却打不开市场，日本设计的冰箱到中国市场上仍然需要本土化设计。区域的限定性综合了人们各方面的认知和生活、工作结构因素，不以既定的设计意识为转移而直接反馈。产品的消费观区域性很强，情感习惯、生活习性、社会价值体现、交流方式等是接纳产品构成的砝码，任何一件产品系统落实到消费的土壤上都必须对这些元素进行再设计，甚至以此内容为中心进行重新设计。

图 3-6　桂林特色茶具设计

图 3-7　体现区域风情的家具设计

（4）文化背景认知

反映在社会发展脉络差异上，产品技术成形的同时，也在文化内涵上烙下印记：一是文化背景的差异；二是从文化背景中可以挖掘出更多的形象元素深化表现。

东西方家具产品中同样的功能却体现出巨大的造型和使用差异，为什么会出现这样的情况？

① 东方人喜欢通过细部表现细腻的风格。

② 西方人喜欢简洁刚挺的风格。

文化背景的认知体现在社会发展的根基上，在产品技术成型的同时，也被其文化内涵所塑造。中国的彩绘陶瓷和古希腊的彩绘陶瓷有很大的区别，当然现在东西方使用的产品在规模、外部装饰、结构处理和空间安排上也有一定的差异，这些差异在文化背景的表达上体现得更加明显。简单的产品线条和颜色反映了明显的文化差异，东方人喜欢细腻的风格，而西方人喜欢简单朴素的风格。产品系统充分考虑到了文化背景的差异，从中可以进一步汲取象形元素，深化各种文化的表现，以支撑起人类的产品系统的构成，成为一个更加灿烂的物质文化实体。从图 3-8 和图 3-9 所示可以看出，东方的家具和西方的家具存在较大的差异，尤其是中国的传统家具，由于受到中国传统文化的影响，要求人内外兼修，无论是作为私人空间的家里，还是在公共场合，都要求"行得正，坐得直"，所以家里的家具也都呈现出硬朗和简洁的风格，舒适性不及西方家具；而在西方，私人空间内的家具很多都强调舒适性，比如强调舒适性的沙发，坐上去就显得没有"型"，这是中国传统家具所不能接受的。

图 3-8　中式家具设计

图 3-9　西式家具沙发

3.1.2　人的要素

在产品系统设计中，人的要素是处于中心位置的，体现为以人为本的产品系统设计理念。以人为中心（Human-centered）的概念是一种强调人文主义的设计哲学。例如，西英格兰大学美术研究中心的研究专家 Waters 将以人为本的设计解释为对人类需求、知识和经验的创造性探索，旨在提高人类的能力和生活质量。舒适与情感设计领域的知名学者 Jordan 表示，以人为本的设计应从产品使用和个人习惯两个方面综合考虑体验。荷兰独立研究机构 TNO 的高级研究员 Marc 从接触的角度理解了以人为本的设计的实施是一个涉及不同人的过程，在他人和自我之间，在开放和封闭之间移动。这是因为重点在于产品、系统或服务所针对的人，而不是设计师的个人创意过程或基于材料和技术的人工制品。基于以人为本的概念，以及对行为人的心理捷径和习惯的深刻理解，发现重点使用外部促进策略来抵制或鼓励行为是有效的。因此，将以人为本的理论与促进工作联系起来是可能的，甚至可能是不可避免的。

在产品系统的设计中，产品的目的是供人使用，满足人在生活和工作中的需求。但是，无论预期用途在产品设计中体现得有多好，要经过多少复杂的步骤，最终都要体现在具体的物理形态上。产品设计离不开对具体形式的设计，所以在产品的宏观系统四要素中，人是最重要的因素（图3-10），是四个相互作用的要素的核心，因为产品是传递人的认知、感受和领悟的介质，而社会是由人组成的，环境是人使用产品的背景。而围绕以人为中心，具体有以下六个方面的表现。

图 3-10　用户画像

（1）符号表现

产品的象征性表现是基于人类感知生命形式的直接经验，作为与现实生活相关的符号而存在。在产品设计中，根据人对产品的理解和使用，将相关的造型设计成人容易理解和识别的符号。

如图 3-11 所示的三个产品细节中，充分运用了产品的符号特征，三个产品分别运用了不同的手的使用方式，比如手的握取、指压和并拢旋转等方式，充分考虑手臂运动、手的尺度等问题。因此，在设计具体的产品系统时，应假设产品的使用者可以直接在产品的具体部分用符合形式的表达方式来强化这些一般的感知表达，从而产生良好的视觉认知效果。

图 3-11 家用产品细节

（2）触点表现

所谓触点表现是指基于人类肢体的比例和形态特征，以及产品触摸面的正反形状匹配的设计。在具体的产品设计中，涉及的相关产品有按键面、座椅面、靠背面、踏脚面、手柄面，参照触点表现的设计原则进行设计，注意线形的吻合和弹性的设置。比如在如图 3-12 所示的家居产品中，人机表现为：追求产品与人的最大接触面；弹性材料进一步增加了接触面。

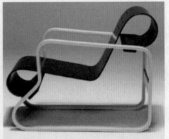

图 3-12 家居产品

对于人体接触面积较大的家具类产品，需要从形状上和身体部分形成正负形的吻合，不仅使用起来更加舒适，从外观上也能使人感受到亲切和关怀。

（3）尺度表现

以人体肌肉的尺度差异为基准，产品的尺度表现是产品舒适性的保障。可以体现这一点的产品有：汽车座椅、方向盘以及操纵杆等。对于如图 3-13 所示的台灯等产品，准确定位是产品性能的基础；同时台灯支杆长度、灯罩的高度、投射角度和桌面可视面积都因为具体的尺度差异而呈现出不同的风格和特色。

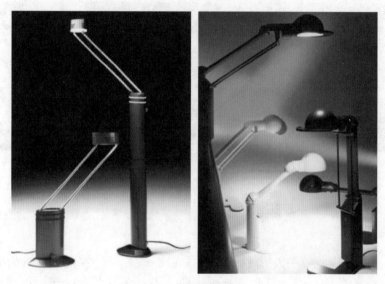

图 3-13　台灯

所以对于设计来说，尺度表现是基于产品本身的尺寸基础上，通过相应的计算手段，同时借助产品不同部分的对比（借助美学知识），让产品显得更加精致和精密。

（4）幅度表现

产品形态的设计是基于人类肌肉运动的振幅和运动的可变振幅。产品构成作为一个动态的人体附属物，应尽可能地适应和表达人体的动态。与尺寸有关的产品包括：腿部关节运动和自行车支架的结构，键盘的操作和人类五指运动的尺寸等。如图 3-14 所示的遥控器产品，其幅度表现涉及的是手握取产品的幅度、操作按键的幅度及手部动态的产品幅度。

幅度表现可以给设计提供不错的启示，设计产品的时候要充分了解产品，能够满足不同人自如操作的需要，同时要考虑使用动态，特别是一些系列化产品，不同的组合方式都需要进行幅度表现的设计考虑。

图 3-14　遥控器的造型形态

（5）方式表现

基于人的生理和心理因素确定产品的作用方式，对于产品结构来说，应该以人的最佳行为方式为基准，体现人性化的结构设计。相关的产品有：门锁的锁扣旋转方向，病理床的摆放方式和使用方式等。如图 3-15 所示的游戏手柄按键，按键的排列顺序需要符合人的行为方式。

图 3-15　游戏手柄按键

在进行类似的产品设计时，需要结合设计经验，进行具体使用方式的设计，需要创新但不能脱离人的使用和行为习惯；排列多样化，但是使人舒适和方便是唯一的。

（6）操作表现

在人类行为流程的基础上开发的产品操作控制系统，通过对大多数人的行为习惯进行总结和分析，形成操作系统的设置。如图 3-16 所示为操作界面，相关的产品还有：工具盒的打开结构，大门的开启次序等，使人 - 机的操作达到一体化。

图 3-16　操作界面

在具体设计时，特别是现有的集成化、黑箱化的电子产品，需要考虑很多不同的功能。不同功能的使用需要按照一定的方式进行组合，设计时应充分考虑组合的顺序和方式，让人能够使用起来最方便。

3.1.3　环境要素

产品宏观系统中，环境要素是非常重要的，与人和产品相辅相成。作为工业设计师，应当把保护环境和节约资源视为己任。同时，还要考虑将新兴的科学技术融入设计过程中，这一点也成为设计师必须掌握的技能。

在开发产品系统时，功能、性能、结构要素和形式、色彩、材料要素以及成本等基本要素一直被作为关键指标，开发的指导思想是在尊重企业利益的前提下满足市场需求。另外，在产品系统的设计、开发和生产过程中，将环境要素作为评价指标仍是最近的发展。它不仅是宏观层面的可持续需求，也是每个产品的生产者和使用者的实际利益所在。

绿色设计要求设计师在设计的过程中将环境要素考虑进去，它是对传统产品系统设计的演变和改进，比传统设计更加全面和系统。绿色设计不单单只存在于某个设计环节中，它应该贯穿产品的整个生命周期。其原因是，产品在其生命周期的每个阶段都会造成环境问题。

环境要素包括能耗、资源利用率、对生态环境的危害等。环境要素体现了产品系统全寿命周期的环境友好程度，是系统产品在设计过程中重点考虑的因素。它意味着减少污染和原材料的消耗，以实现人、机器和环境的和谐发展。

灾害应急临时安置处创新设计（图 3-17）。设计思路不仅仅针对产品和人，还应该考虑安置的场所；设计的环境应该综合考虑相关的因素；应用系统设计的思路进行设计。

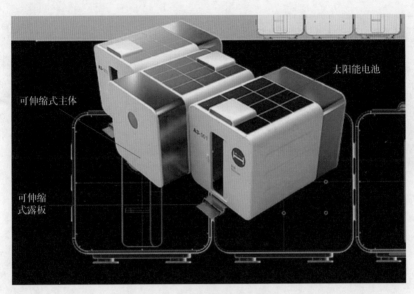

图 3-17　灾害应急临时安置处

道路清扫车设计（图 3-18）。该设计整体造型简洁大方，操作简单方便，主要是利用蓄电池作为动力来源，来完成自动清扫工作。刷头造型装置的设计能达到更好清扫的效果，刷头的起落部分可以很好地区别工作和非工作时的状态，主刷和边刷可自动升降，用摇杆操作。车身侧设计人性化储物空间，可存放简单的清扫工具。

图 3-18　道路清扫车设计

水果摊位车设计（图 3-19）。采用仿生的设计，外形类似蚂蚁，整个车身细长，并且较为圆润，整体比较卡通。将打开方式转变：车厢内的透明货仓与展示架合为一体，当货架闭合的时候可作为储物仓，当有顾客挑选货物的时候可以打开储物盒供客户挑选，下面的抽屉式储物仓可储备水果。

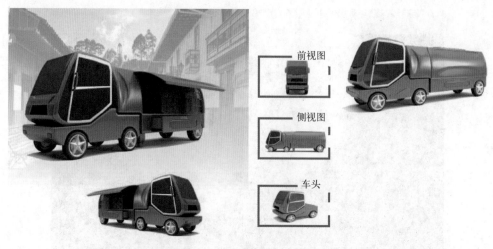

图 3-19　水果摊位车设计

雨伞放置器车载用品（图 3-20）。突然的雨天让驾驶人上车时不知道该如何是好，把车门打开再收伞的过程中，身体已经被淋湿。根据这个问题设计一款解决下雨天上下车撑伞进出不便的车载用品，它是一个可以安装在小车车顶临时放置雨伞的装置，能解决在雨天室外上车的时候被淋湿的问题，造型简洁大方，使用起来十分便利。

图 3-20　雨伞放置器车载用品

（1）产品环境

产品环境指的是被消费者理解和关注的与产品相关的刺激物，它们可以影响消费者的认知、情感和行为。典型的产品环境有：产品特征、包装、品牌识别和标签信息。

① 产品特征。产品的特征是指能够对消费者产生购买行为影响的因素，这些特征都取决于消费者自身的消费观、价值观以及以往的消费经验。

② 包装。有效的产品包装能够提高消费者对产品的认识，在商店或家庭中加强品牌印象，巩固已有顾客并吸引新用户，提高产品的竞争优势和利润。换句话说，包装在一定程度上影响着消费者的决策。

③ 包装颜色。包装的颜色对消费者的影响也是不容小觑的，这种影响比视觉上感受到的颜色更具体。当然，包装的颜色还意味着使消费者产生联想，并且要具有一种战略意义。

④ 品牌识别和标签信息。在产品包装上印着的品牌识别和标签信息是企业提供给消费者的额外刺激。品牌识别在许多情况下简化了消费者的购买过程，并确保其对品牌的忠诚度。标签信息包括使用说明、含量、成分或原材料、使用和保管产品的告诫等。

"幼儿之城，日本熊本"幼儿园环境设计案例（图 3-21）。

图 3-21 "幼儿之城，日本熊本"幼儿园环境设计案例（日比野拓，Youji no Shiro）

幼儿园中设计了鼓励孩子生活和娱乐的日常活动空间，并将空间划分为一个庭院和一个小操场。缩小的景观设计让孩子感受到家的温暖，同时也有利于孩子参与到多种多样的活动中。

户外露营便携厨房设计（图 3-22）。

图 3-22　户外露营便携厨房设计（作者：练菲菲，桂电 2007 级产品设计）

满足户外露营烹饪的需求，简化烹饪过程，适合大部分的露营爱好人群，实现烹饪模式简化、便携式造型等需求，实现厨具的区分，安全卫生，烹饪空间布局合理，使户外露营厨房环境下用户之间的烹饪行为更简约化。

基于租用小户型人群需求的集成式烹饪操作台的设计研究（图 3-23）。

本产品为解决"单身租房一族"没有足够的时间、精力做饭，也没有足够的房屋面积而设计，总造型为 1/4 圆，放置于房屋角落，节省面积。合理的人机设计使得使用者舒适下厨，时尚的造型与氛围灯增加体验感，功能区划分紧凑且科学。

民宿酒吧式厨房（图 3-24）。

这是专为民宿设计的主题化、特色化厨房，目的在于为人们提供当地特色酒水，因此把厨房设计成充满情趣的生活空间，尤其是小户型普及的年代，在开放式厨房中，最引人注目的就是在厨房和客厅相通的部分做一个吧台，方便人们娱乐。

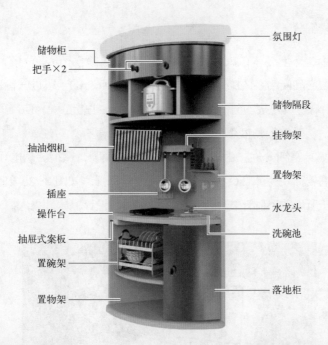

储物柜
把手×2
抽油烟机
插座
操作台
抽屉式案板
置碗架
置物架

氛围灯
储物隔段
挂物架
置物架
水龙头
洗碗池
落地柜

图 3-23 集成式烹饪操作台（作者：朱劲帆，桂电 2007 级产品设计）

图 3-24 民宿酒吧式厨房（作者：吴梦琪，桂电 2007 级产品设计）

（2）环境要素细分

在宏观系统中，环境要素以人为中心，所使用产品的场景或者背景，体现为产品的环境约束条件。在产品使用系统中，环境要素作为市场细分的手段进行设计和规划。

① 场所变量，指产品所摆放的位置和使用的环境。也就是说，使用的环境不同，产品设计也会不同，从系统的角度思考，应让产品的设计更有针对性；从市场的角度来看，产品的设计也应更具有细分性。由于产品的使用环境不同，造型、功能和结构都会因为环境的限制或者需要而发生改变，设计的针对性要特别强。如图 3-25 和图 3-26 所示都是冰箱产品，由于所处的不同环境，冰箱的造型和功能设计差异性极大。

图 3-25　车载冰箱

图 3-26　普通家用冰箱（左）和酒店客房冰箱（右）

　　车载冰箱由于所使用的环境是车内，使用的空间比较小，所以造型必须小巧轻便，功能可以较单一；普通家用冰箱所考虑的是空间大、功能全，由于是在家庭内使用，所以不用考虑占用空间和移动的问题；对于酒店客房的冰箱，大部分提供给出差或者旅游的人群使用，加上酒店房间空间比较小，所以要考虑占用空间的问题，而使用功能相对来说更为简单。在三个不同的场景中，同样是冰箱，却呈现出不同的使用功能和造型。可以根据这样的思路去考虑更多的产品细分问题，从而设计更多不同的冰箱，比如办公室冰箱、随身携带冰箱、卧式冰箱等。

　　② 场景变量，即使用中的产品和其他相关产品的关系。与场所不同，场景要素主要考虑特定的环境中人的使用状态，具有特定的情境性特征。比如厨房的场景案例，可以看出厨房内部有很多值得设计的地方，例如如何规划不同产品的使用位置，如何考虑人在使用环境中的心理感受，如何让所处特定场景中的人使用更加方便，使产品更有亲和力。

　　在厨房的使用场景中，由于使用者不同，厨房产品的造型、功能和使用方式就有极大的差异，所以在设计的时候需要结合使用场景进行特别的设计，比如设计一些细节。

　　如图 3-27 所示的是厨房产品，很多厨房产品或者工具不仅要考虑具体使用功能，还需要考虑如何收纳，根据特定的使用方式和使用功能，设计产品的具体细节。所以说，场景设计需要设计师在设计时更多地去观察消费者在特定场景中的使用状态，而不是只考虑静止的产品展示。

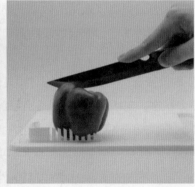

图 3-27　厨房产品

　　如图 3-28 所示的厨房水槽和菜板组合设计，主要解决了人们备菜、切菜时菜板在台面滴水与菜刀放置的问题，双水槽设计方便了备菜，水槽、菜板的设计让洗菜、切菜、沥水有序操作并可在水槽的空间上完成。

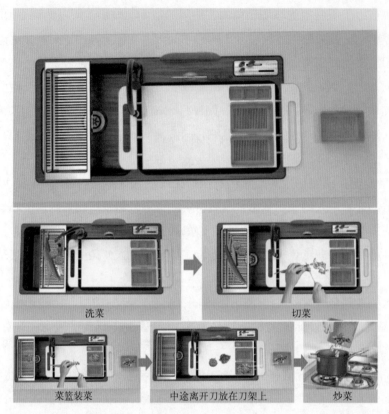

图 3-28　厨房水槽和菜板组合设计（作者：陈可可，桂电 2007 级产品设计）

　　如图 3-29 所示，切菜板在切菜后可用与之配套的配餐盒进行分装，解决了配餐与烹饪的连接关系，提高了做菜的效率，使配菜的过程有序化。使用者可根据不同的菜量选择不同尺寸的收纳盒，配套的收纳盒可在盛放配菜后向上叠加，节省空间，备餐后如不立刻烹饪，可放入冰箱存放，同时可通过颜色区分荤素菜等。

　　③ 时间变量。环境要素中的时间变量是指在特定的环境中，不同的时间产品所呈现出来的不同状态，包括产品的功能变化和结构变化。如电动车，在冬季和夏季使用，人的感受是不同的，如果产品没有任何变化，是不符合人的使用需求的，达不到系统的目标。所以说考虑时间变量的产品环境要素，需要在设计时更多地去观察消费者在不同时间中的使用状态，考虑不同的季节、时刻以及更为细致的时间点，从而进行针对性的设计。

　　④ 切换变量。这是环境要素中的变化要素，主要是指特定的环境变化，包括产品的使用场景切换，产品的使用顺序等。由于产品的使用环境变化，使得从系统的角度去进行设计时，必须考虑产品的适应性，不同使用状态能够发挥出设计的作用，很多设计中需要加入服务设计要素。切换变量要求设计时观察消费者使用产品的顺序，从使用产品的需求变化入手进行设计，从而让产品设计更有针对性。

图 3-29　厨房餐板设计（作者：陈心怡，桂电 2007 级产品设计）

3.1.4　产品要素

在宏观系统中以人为中心，但最终的设计目标却是产品，所以产品要素是作为设计的对象而存在的。考虑到相互作用的人、社会和环境，能够主动改善的是产品，所以产品要素是系统设计的最终目标。

一个产品最基本的层次就是基本利益，是产品最基本的功能和用途，往往消费者在决定是否要购买一个产品时，并不是为了真正拥有它，而更多的是为了满足他们的需求（第一层次）。例如，洗衣机的核心利益是消费者可以轻松、省力、省时地洗衣服。产品的核心功能取决于一个具体的单元，这个产品单元被称为一般产品，即产品的基本形式（第二层次），主要包括产品的结构和外观。第三层次为产品的附加值，比如，买洗衣机的人都希望洗衣机洗衣服省时省力，不伤衣服，洗的时候没有噪声、排水方便、外形美观、使用安全等。换言之，产品除基本功能外还包含一些附加服务，包括送货上门、安装组装、设备调试以及后期的维护保修等方面，这就是产品的第四个层次。附加产品是对消费者需求进行全面、多层次研究的结果，这就要求营销人员着眼于整个消费体系，但也要考虑到消费者是否愿意承担附加产品所带来的额外费用。产品的第五个层次是潜在产品，它对产品预计可能出现的更改和补充进行了预测及准备。

（1）产品要素最根本的是核心功能

功能是指产品的有用性和容量。产品在生产、销售和被人们接受之前，都要具有一定的功能。产品的核心就是功能，也就是说，产品系统设计的最终目标就是产品功能的实现。

支持产品构成的基本要素是物质功能。一个产品的具体物质功能或物质功能水平直接决定了物质成分的核心价值。作为产品系统的一部分，产品的功能定位被设定为决定材料的功能形式的价值。计算机显示模型的大小和图像清晰度、电子词典的字数、汽车发动机排气量和复杂的功能配置等都构成了具有基本功能配置的产品系统的基本要素，从而体现了产品的定位特点。

产品基本功能要素的定位是产品系统设计的纲领性部分，决定了产品在竞争市场上的适销性和消费者特定社会需求的满足程度。国内某汽车公司曾经推出一款两门家用轿车，完全符合国际轿车市场的分级消费需求，在国外区域市场上备受青睐，却在中国市场上反应冷淡。在目前的彩电市场中，相同尺寸的电视机之间价格差异的主要因素是关键功能要素。产品体系中决定产品最终构成的就是技术，技术决定了功能，继而决定了产品。

体现产品体系价值的核心功能，在未来社会发展中越来越多地显示出强大的生命力。许多大公司都习惯于用这种手段为自己的发展服务，在推出新式产品的每个阶段，都在某一方面的关键功能要素上标榜一个时尚的新卖点来吸引顾客，刺激产品体系构成的新模式的社会化。一般来说，产品的核心功能很难在第一时间直观地表现出来，只能通过产品构成中的多个载体与各方人士接触后的表现来体现。例如，汽车动力与配置必须通过良好的人机感应方式表现出来；应用尖端微电子技术成果的数码摄像机、高清电视机必须以流行的线形风格表现。一个产品的主要功能元素的表现形式通常是这样选择的：它们被炫耀，被突出显示，并以一种容易被人们直接感知和接受的方式进行表达。无论基本功能有多先进，人们都不可能从一个他们不知道如何打开的盒子中获益，也不会有好的感觉。使用正确的设计语言来强调固有的功能，是在材料的冷酷特性上增加"人体温暖"的一种方式，使它们更容易被接受，更柔软。

讲述燃气灶（图3-30）的核心功能要素，如何通过核心功能将产品的价值体现出来？功能来源于需求，而人的需求是复杂、多样的，同样人的需求也是多变的。作为设计师，应该时刻注意需求的特点，而需求的多样性、多变性正是设计的创意来源。

印度独特环境下的摩托车太阳能电池设计（图3-31）。

摩托车是印度最受欢迎、最常见的交通工具。印度的道路大多数是窄小、颠簸的土路，加之日照充足，所以直接将摩托车后备箱改为太阳能电池可更方便使用。

"一人食"餐桌设计（图3-32）。

图 3-30　燃气灶

图 3-31　印度独特环境下的摩托车太阳能电池设计

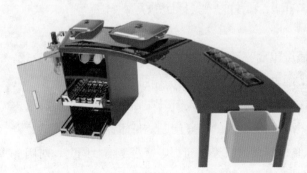

图 3-32　"一人食"餐桌设计（作者：李盈盈，桂电 2007 级产品设计）

　　随着社会节奏的不断加快，"租房族"与"单身族"对生活空间的要求也变得越来越高，但对于厨房的要求不是很高，所以根据人群的需求设计出这款"一人食"餐桌，一个可折叠伸展的餐桌可以解决一个人基本的饮食需求。

　　空巢老人的厨房（图3-33）。

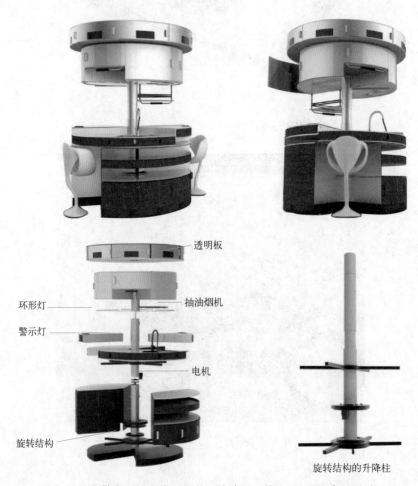

透明板

环形灯　　　　抽油烟机

警示灯

电机

旋转结构

旋转结构的升降柱

图 3-33　空巢老人的厨房（作者：褚诗雨，桂电 2007 级产品设计）

　　该旋转厨房是专为空巢老人（双居或单居）设计的，设计理念是站在老年人的立场，通过设计的手段提高老年人自理生活的能力，减轻老年人厨房作业的烦琐。

　　该设计整体结构采用升降柱与旋转机盘结合，老年人可以在固定位置通过旋转来进行厨房作业，升降柱可以更好地协调做饭与进食时的高度问题。整体针对老年人的意识习惯进行了设计，如对左右的操作习惯、择菜习惯等方面都进行了考量。同时，对厨房的主次进行了合理划分，使老年人在操作时更加易控。考虑到老年人嗅觉能较弱，还为其设立了检测系统以提醒其危险情况。

老年人厨房系统性设计（图 3-34）。

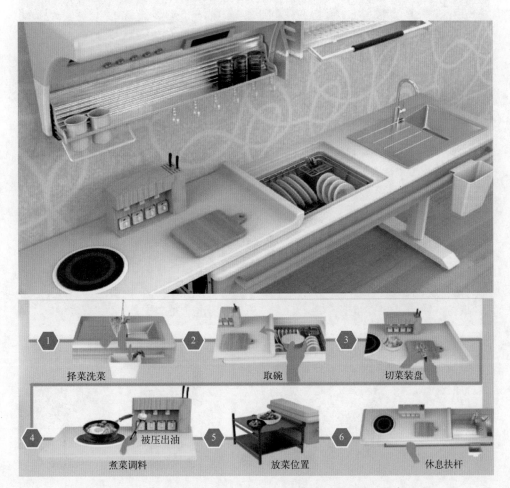

图 3-34 老年人厨房系统性设计（作者：王燕楠，桂电 2007 级产品设计）

此厨房的系统性设计解决了老年人的多处使用问题：可升降桌子解决了老年人因年龄增长导致的身高变化问题；桌面式碗柜解决了碗柜过高难以拿取的问题；扶手的增加可以让老年人在疲惫时倚靠支撑；可推按式调料机方便老年人做菜；设计下拉式吊篮方便老年人拿取高处物件；采用暖黄色灯光避免白炽灯灯光刺眼。

"红酒"雅厨系列厨具（图 3-35）。

"红酒"雅厨系列化厨具利用情感化的回忆，让人们在厨房里使用这些厨具时能够回忆起自己品红酒时雅致轻松的心情，从而能够保持愉快的心情优雅下厨。此系统设计共含五样厨具，均以人为中心，从人们的使用习惯——看、拿、取、放、洗展开设计。使物与物、物与人之间相互关联，从而形成一个系统化设计。

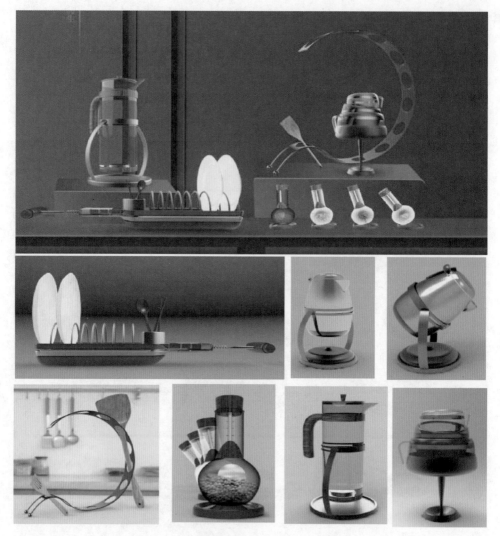

图 3-35 "红酒"雅厨系列厨具五件套（作者：朱劲帆，桂电 2007 级产品设计）

儿童"生态"厨房（图 3-36）。

从儿童玩具的灵感切入点入手，提取软萌小黄鸭的造型，使得产品贴近孩童，产生初始印象。厨房养殖和烹饪区的结合，烹饪全流程的探索体验，使儿童更好地理解粮食来之不易，也从厨房的收纳、用水进一步培养儿童良好的生活习惯。

（2）需求的分类

按照需求性质分类，可以分为使用功能和精神功能。按功能的重要性分类，可以分为主要功能和附属功能。按功能的满意度分类，可以分为过剩功能、不足功能和适度功能。

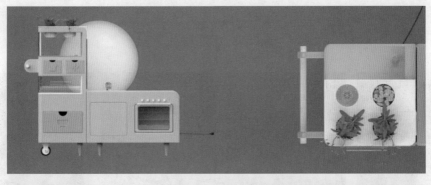

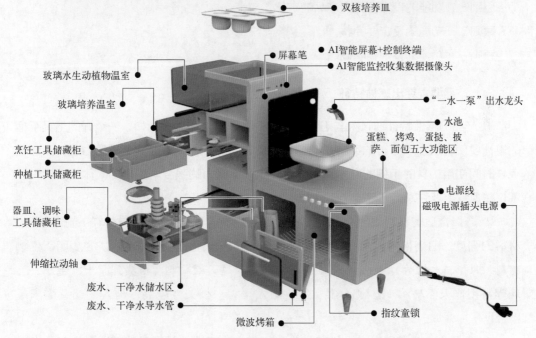

双核培养皿

AI智能屏幕+控制终端

屏幕笔

AI智能监控收集数据摄像头

玻璃水生动植物温室

玻璃培养温室

"一水一泵"出水龙头

水池

蛋糕、烤鸡、蛋挞、披萨、面包五大功能区

烹饪工具储藏柜

种植工具储藏柜

器皿、调味工具储藏柜

电源线

磁吸电源插头电源

伸缩拉动轴

废水、干净水储水区

废水、干净水导水管

微波烤箱

指纹童锁

图 3-36　儿童"生态"厨房设计（作者：曾兰雅，桂电 2007 级产品设计）

（3）功能需求分析的方法

按照人的需求方面来分析，主要分析使用者的特征、使用环境特征和使用习惯。

结合撑衣杆设计的需求分析，去寻找产品的核心功能，并根据需求分析功能存在的问题和不足（图3-37）。

图 3-37　撑衣杆设计分析

分析整个使用过程中的细节，通过案例可以启发思考，结合自己的实际生活经验，找到问题点，这对于设计思维训练有好处。

功能的设定是设计定位的重要组成部分，功能的设定为产品的设计制定更为详细、明确的方向，总体来看功能的设定要符合产品的定位——功能的适度原则。

原则一：功能的设定要符合产品的定位。

原则二：功能的设定要完整。

原则三：功能的设定要明确。

（4）产品要素突出感性特征

① 产品的感性特征通过人与工具关系的恰当设计来体现。例如，一个好的工具手柄的设计要使对压力不敏感的手掌和拇指与食指之间的"虎口"能够承受住力量，从而避免长时间使用工具时手指的麻木和刺痛，减少局部压力的强度。正确的人体工程学设计不仅在视觉上吸引人，而且"手感好"。

② 选择合适的材料来强化产品的情感元素。与人体直接接触的材料的选择应考虑材料的强度、耐磨性等自然参数，以及所选材料与人体情感的关系。研究表明，生物材料（棉花、木材等）更接近人类的需求，其次是天然材料（石头、泥土、金属、玻璃等）和非天然材料（塑料）。事实上，与人类需求相关性越高，与人的情感需求越贴合。

③ 产品的感性是通过对现代美学方法的研究来表达的。产品的美，融合了人机逻辑关系所创造的内在美和产品使用时的外观所创造的外在美。人们的审美是不断变化的，尤其是对产品的造型审美。"形式美"的丰富内涵还包括审美因素的变化，比例与尺度、对比与平衡、节奏与韵律等美的规律都是人们在工作中通过产品的视觉形象而获

得的。与审美因素相协调，因此要想准确把握产品的感性因素，就要紧跟现代人的审美观。

④ 研究生活现象与物体形式之间的关系，有助于探讨产品感性特征产生的原因和表现方法。物体的美感往往体现在其形式的生动性上，而物体形式的生动性实际上是其本质的外在形式。

/ 3.2 / 产品系统的微观要素

和宏观要素相比，微观要素所针对的主要是微观系统中的产品要素，将产品作为主要的目标，主要通过以下五个方面的细节要素来呈现。

3.2.1 功能要素

功能是指产品所发挥的有利作用。具有特定功能的产品必须经过生产和销售，才能被人们接受。产品功能可分为实用性和美观性。实用性是指产品的实际可用性价值，而美观性则是通过产品独特的造型来代表产品不同的审美特征和价值取向。实用功能和审美功能是产品功能的两个方面，根据不同的侧重点，可以将产品分为以下三种类型。

① 实用型产品：顾名思义，注重功能设计的重点是改进结构，改进和优化功能。各种工具、功能简易的产品、机器设备和零部件等基本上都属于这一类型。如图 3-38 所示的音箱产品，其所具有的功能是整个产品的核心，需要围绕使用功能进行具体的设计和制造。

图 3-38　音箱产品

在产品设计的众多要素中，功能是决定产品设计意义的首要要素，而其他要素则是为了实现功能而存在的。

② 风格型产品：这种产品也叫情感产品，不仅有特定的功能，而且通过突出独特的形状和风格，追求形式和外观的个性化，提倡独特的使用方式。在个人消费品、娱乐和时尚类产品中表现得尤其突出，例如时尚手表。

③ 身份型产品：又称象征型产品，这类产品与前两者不同的地方是更突显精神的象征性，消费者因拥有它而感到自豪和满足，别人亦因产品而对主人的身份和地位产生某种认同及肯定。豪华的生活用品和高级品牌定位下的各种产品都是地位的象征，例如宝马 Z3 跑车。

3.2.2　结构要素

结构是指构成产品的部件的形状，以及这些部件的组合和连接方式。结构设计涉及产品部件的形状设计以及部件的组合和互连，以实现特定的功能，满足特定的材料特性和工艺要求。

结构的特点：层次性、有序性、稳定性、牢固性、安全性和可靠性。

结构是产品功能得以实现的前提，产品的功能是通过结构来实现的，其中与产品结构有关的通用结构为：①壳体结构，起到包容、支撑的作用，相对封闭；②塑料壳体；③冲压壳体。

连接与固定结构主要有以下几种。①不可拆固定连接：焊接、铆接和胶接。②可拆固定连接：螺纹连接、销连接、过盈连接和弹性连接。③固定结构：弹性卡扣结构、插接结构（图 3-39）。

图 3-39　产品内部结构

3.2.3 材质要素

3.2.3.1 内部表现

产品系统设计中的材料性能是人与产品沟通的中介物质，它既有固定、保护和传递的内在功能，又有直观、统一的作用，是社会物质的整体状态。产品由各部位组合成整体框架，各部件在空间位置串联，对外加强外部装饰，形成一个整体的外观，用什么样的材料构成这个中间体，直接影响到产品功能的实现和社会价值的体现。

材质对内部表现的影响主要体现如下：

① 由材质决定结构形式，形成支撑和连接内部零件的框架；

② 在材质强度表现上，根据不同受力和使用特点选择用材；

③ 材质形成部件构成后的操作性能应追求最优化。

（1）内部表现一——材质决定结构形式

材料决定了结构的形状，形成了支持和连接各种内部零件的框架。通常使用两种类型的材料——金属和塑料，因为它们易于加工和塑造，而且强度高。材料的可塑性在塑造结构方面有一定的优势和限制，如金属强度高，易生锈，可形成直线和大曲率的界线，在连接处有焊接点和铆接点；塑料件的加固、卡口结构、螺栓部位容易出现壁厚不均，变形后收缩的情况。因此，要在充分了解材料性能的基础上，对加工成型中容易出现的问题点进行规避，从材料加工的每一个细小环节中展现完美。

如图 3-40 所示的产品结构，金属框架可以通过焊接点和铆钉进行连接，通过特定的加工手段，让产品呈现出稳定的内部结构。

图 3-40 产品结构

（2）内部表现二——材质决定连接方式

对于材料的强度性能，要根据不同的受力情况和使用特点来选择所使用的材料。塑料件和金属件的连接螺纹槽及卡口结构主要由材料的壁厚与不规则处的连接方式决定，并保证了多项应用。如图 3-41 所示的照相机，通过良好的结构体现出产品的精密感觉，而不同的材质连接体现出精密仪器不同的产品风格。

图 3-41　照相机

　　根据不同的受力情况和使用特点，选择使用的材料或改变线路。在实践中，有些产品在这方面表现得很差，以至于产品的某个开口结构在开了几十次之后就不再起作用了。一个好的产品的材料特性在其整个生命周期中应该是一致的。

（3）内部表现三——材料决定操作性能最优化

　　材料成型部件的操作性能应该是最优化的。虽然产品部件被封闭在里面，但在使用过程中，由于其他原因，如出现故障，需要对其进行维修或维护，这时部件构成的操作性能就会显现出来。不同的产品和设计有其自身的操作性能要求。在开始部件组装时，应充分考虑维护所需的空间和方便拆卸及故障排除。因此"易用性"是产品系统设计中不可忽视的一个方面。

　　而在考虑内部结构的时候，需要在材质装配时就充分考虑修理空间位置，确保拆卸便捷、调试方便。应合理安排不同材质部件的位置和空间，合理安排拆装顺序。如图 3-42 所示的是计算机内部结构对比，可以看出普通计算机的内部结构比较混乱，没有考虑结构的相互关系和相互的连接问题，导致内部线条走向混乱，相互干扰，给人的感觉比较差；而苹果计算机经过结构的优化，可以看出整体协调性强，结构之间的关系比较清晰，所以可以很清晰地了解不同部件之间的关系，给维修和维护带来很大的方便。

(a) 普通计算机　　　　　　　　　(b) 苹果计算机

图 3-42　计算机内部结构对比

3.2.3.2　外部表现

　　材料是人类行动的直观统一体，是形成整体状态的社会物质。材料的外在表现首先反映在对颜色和温度的感知上，如图 3-43 所示。

图 3-43　产品表面材质

　　① 色泽感，即反映产品外观的色彩和色调。以外显的色彩和光泽展示产品面貌，现代工艺的不断更新，使色泽不仅仅展示出美感，也展示出材质的工艺进步。此外，一旦确定了工艺，就可以改变颜色，根据工艺的需要选择光泽度，但必须在掌握不同工艺手段的基础上优先考虑颜色的表现，以便用新的审美趋势和新的技术来支持颜色的当代表现力。

　　如图 3-44 所示的数码相机，就充分运用了材质对外的色彩感觉，通过运用现代新工艺，给产品带来了新的感觉，比如数码产品中常用拉丝工艺，以及采用镀铬等工艺，给产品带来时尚感和科技感。

图 3-44 数码相机

② 产品对轻质材料性能的亲和力。材质属性形成各种触感中的温度感，比如金属冰冷，橡胶温和，可以利用现代手段进行触感的模仿，借助表面处理技术可以模仿一些特有的亲和感觉，因为不同的产品给人的温度感是不同的，比如不锈钢给人以冰冷感，而竹编、藤编等给人以温暖感（图 3-45）。

图 3-45 不同材质的产品

利用材质的加工和处理手段，可以对材质进行处理与仿真，也可以通过表面处理，模拟特殊的材质效果，这些手段和工艺丰富了产品的外部材质效果。

③ 材料的纤维和分子的组成可以在表面形成不同的纹理，在产品的表面形成设计风格的直观效果。利用纹理可以体现产品的品质和价值，纹理表现可以成为产品个性的叠加，有助于提升产品的价值意义。许多数码电子产品，利用纹理可以表现时尚、简洁、精致的品质感。另外还有塑料表面的压花、金属表层的镀层、橡胶表面的纹理和木材表

面的贴面及油漆等方式。

如图 3-46 所示，凭借表面的材质处理，让产品体现出精致的效果。

图 3-46　金属表面处理效果

3.2.4　色彩要素

颜色是最有感情的表达元素，具有象征性和表现力，因为它也是功能和感觉的融合。色彩是产品系统设计中直观形成主题风格的元素之一，主要体现在以下几个方面。

① 以主调色彩形成具有物品综合特性的品质感。

② 结合色彩的基本作用，利用产品系统设计进行色彩的创新设计，即：如何在现有产品色彩的基础上开发出新意。

如图 3-47 所示，通过这些电视机产品的外观可以看出，黑、银、灰、暗蓝、暗红等颜色，可体现出稳重、低视觉刺激、科技感强、工艺配合精密的感觉，总体呈现出一定的品质感。

图 3-47　电视机的产品外观设计

从图 3-48 可以看出，玩具产品通过红、黄、蓝、橙、绿、白、黑等颜色的组合，体现出活泼、明快和刺激的产品特征，以及不同的产品品质。

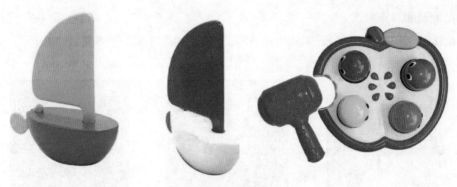

图 3-48　色彩鲜艳的玩具

从图 3-49 可以看出，文具类产品，通过黑、白、灰、银、金等颜色搭配，具有平静、温和、典雅等特征，呈现出独特的品质特色。

图 3-49　钢笔

具体设计时不仅要考虑到产品的功能和色彩特征、人类的感知和色彩表现，而且要考虑到色彩与社会情感因素的匹配。比如冰箱为人提供稳定保护，使人产生冰冻感和科技感，所以通常选用白色和银色，如图 3-50 所示，而图中的彩色冰箱一般只出现在特定场所中，很少能真正进入家庭。

结合色彩的基本作用，利用产品系统设计进行色彩的创新设计，在现有产品色彩的基础上开发出新意的方式：

① 立足常规色彩规律，多看、多理解自然常规事物；

② 大胆创新，多做；

③ 做局部搭配，多尝试；

④ 配合材质和表面处理，多拓展，举一反三。

图 3-50　冰箱

色彩应用总结：

① 色彩是最富情感的表达要素；

② 色彩是功能和情感的融合表达；

③ 色彩是产品系统设计中的重要元素之一；

④ 充分运用色彩手段可以丰富产品系统设计。

色彩给产品系统设计的启示：

① 产品有固定的色彩系列；

② 设计色彩是设计多样化的手段；

③ 注意色彩的搭配。

3.2.5　表面处理要素

产品系统设计中，产品本身的表面处理非常重要，由于现代产品的简约化、集成化趋势日益明显，造型上的差异已经很难体现产品的差别。而通过表面处理给产品提供不同的产品语义，由此形成具有个性化、差别化的产品形象，已经成为现代产品设计中普遍的设计手法，如图 3-51 和图 3-52 所示是具有皮质感及具有玻璃质感的手机。

随着加工工艺和其他相关表面处理技术的发展，产生了更多不同种类的表面处理技术，使产品表面呈现出更多不同风格的色彩、肌理以及质感，由此表面处理要素成为产品表达自身风格的重要手段。

材料的纤维和分子组成会在产品表面形成不同的纹理，是形成产品表面风格的直观元素。使用纹理元素来体现产品的质量和价值已成为现代设计的标准做法。材质肌理在每种产品构成中都具有很强的表现力，当今的手机、数码相机等产品运用统一或对比、相衬的材质肌理表现出精细、贵重的品质感，家具以多材质肌理共融于一体表现出时尚、简洁、精致的品质感。由于质地的表现，产品表面可以覆盖定制的外套，提升产品外在价值的内涵，如图 3-53 所示。

图 3-51　具有皮质感的黑莓手机

图 3-52　具有玻璃质感的三星手机

图 3-53　产品表面肌理效果

/ 3.3 / 电子信息产品系统要素

与常规的产品系统相比，电子信息产品系统是具有与产品系统设计特征密切相关的智能和技术特征的产品系统。智力的概念不是一个科学术语，人们把拥有部分或全部智力特征的能力统称为智力。人类智力主要表现在感知、思考、判断、学习和执行的过程中。如果把人类智慧特征能力搭载在某种产品系统上，从而部分或全部代替人完成某些事情，或完成人类不能完成的事情，这样的产品系统就可以称为智能产品系统。因此，具有识别能力、正确思考能力、准确判断能力和有效行动能力，并对其进行综合利用的产品系统，被称为智能产品系统。

如果回想一下早期的电熨斗或电饭煲的恒温器，它们确实配备了智能功能。然而，当时的智能功能相对较少，没有形成智能概念。随着传感器技术、芯片技术、RFID 技术和网络技术的发展，智能产品系统已经实实在在地进入人们的生活。

智能产品系统是将微处理器、传感技术、网络通信技术融入产品系统设备后形成的产品，智能产品系统将产品和附加服务结合在一起，是可实现用户指令、自动识别、自动控制的系统。同时，作为智能家居一部分的智能产品系统可以与其他产品系统、房屋和设备联网，形成一个系统，实现智能家居功能。

3.3.1　网络要素

网络生态系统的构成可以分为两部分：网络环境和核心社区。网络生态系统的基础就是网络环境，包括硬件和软件两方面。另外，"主体群体"是网络环境中的行动者，独立性、意识和目标设定是主体群体的行为特征。

网络环境直接决定了网络生态系统的复杂性和其中主体群体的丰富性，网络生态系统中的主体群体对网络环境进行适应和改变，而各种构成网络环境的硬件和软件在与不断增长和变化的主题社区的密切协作中"茁壮成长"，并作为一个具有特定功能的有机整体构成了网络生态系统（图 3-54）。

图 3-54　电子信息网络给产品系统提供了生态基础

　　小米生态链起源于 2013 年，当时的小米还只是一个专注手机、平板业务的企业，但是创始人雷军有着前瞻性的思考且看到了不一样的发展方向，那就是智能硬件和 IOT(Internet of Things，物联网) 市场爆发的前景。但当时的小米正专注于手机、平板等业务发展，分身乏术，无力发展其他的智能硬件。于是，雷军将发展智能硬件的任务交给小米的联合创始人暨高级副总裁刘德，创立金米投资公司，投资市场上 "有潜力且认同小米价值观的企业"。当时，雷军的目标是希望投资 100 家生态企业。截至 2019 年年报显示，小米投资多达 290 家生态链企业。小米的生态系统以手机为中心，2013 年选定投资的第一项产品是 "移动电源"，然后是 "耳机"，这些手机周边商品就成为小米的第二层生态圈。之后小米陆续投资且 "孵化" 智能硬件的相关产品，如小米手环、小米空气净化器、小米净水器、闹钟、平衡车和扫地机器人等产品，这些智能硬件产品为小米的第三层生态圈。后续小米还投资了生活耗材，如牙刷、毛巾和行李箱等产品，这些成为小米的第四层生态圈。通过点与点的连接成为线，线与线之间形成链，链再围绕成圈。迄今为止，小米已经形成稳定的生态圈，如图 3-55 所示。

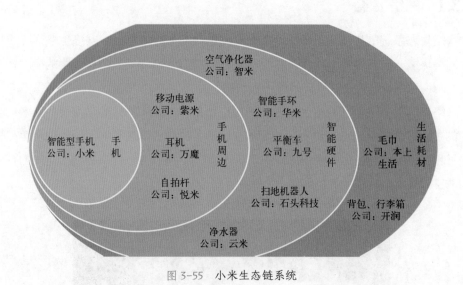

图 3-55　小米生态链系统

3.3.2　通信要素

　　通信系统的三个要素是源头（发射设备）、主机（接收设备）和通道（传输介质）。源自源头的信息（语音、文本、图像、数据）首先由源头的终端（电话、电传打印机、传真、数据终端等）转换成电信号，基带信号由源头的设备进行编码、调制、放大和传输，再转换成适合在传输介质上传输的形式。基带信号被编码、调制、放大并由始发设备传输。在传输介质上传输后，接收端的设备被倒置，将信息发送回去。这种点对点通信通常是双向通信。因此，传输和接收设备位于通信对象的两端。通信系统在一个嘈杂的环境中运行。在模拟通信系统的设计中，引入了最小均方误差标准，即接收端的最高信噪比。设计数字通信系统时，采用最小错误概率准则，即根据所选用的传输媒介和噪声的统计特性，选用最佳调制体制，设计最佳信号和最佳接收机，如图 3-56 所示。

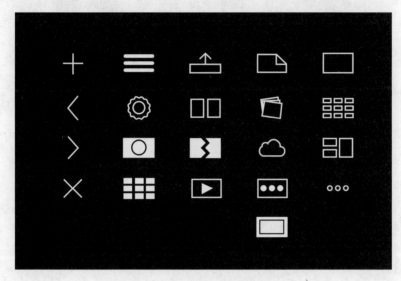

图 3-56 产品系统的通信特征

3.3.3 智能要素

人工智能是一种计算机网络，旨在理解智能的本质并开发类似于人类智能的新型智能机器，如机器人技术、语音识别、图像识别、自然语言处理和专家系统。人工智能的理论和技术自诞生以来一直在不断地发展和扩展。根据设想，人工智能产生的技术产品在未来将成为人类智能的"容器"。人工智能可以模拟人类意识和思想的过程，它不是人类的智能，但可以像人一样思考，甚至超越人。人工智能是一门非常先进的科学，从事这项工作的人不仅需要强大的计算机功底，还需要精通心理学和哲学。人工智能研究的主要目标之一是让机器执行通常只有人类智能才能完成的复杂任务。产品系统的智能特征如图 3-57 所示。

交互设计（IXD）是一个设计领域，它定义和设计人工系统的行为，并定义为实现共同目标而进行交互的两个或多个人之间交互的内容和结构。传播设计侧重于将信息技术融入整个复杂的物质社会，目的是在人与产品和服务之间建立有意义的关系。交互系统的设计目标可以从可用性和用户体验两个层面进行分析。两者都专注于以人为本的用户需求。

图 3-57　产品系统的智能特征

/ 思考与练习

1. 选择身边的一件产品，分别从宏观和微观层面去分析该产品的构成要素。

2. 搜集 20 个产品系统设计的案例。

3. 完成一套产品系统设计。

4. 在信息时代，如何更好地兼顾产品 – 人 – 环境 – 社会之间的关系？

第 4 章
/ 产品模块化系统设计

/ 知识体系图

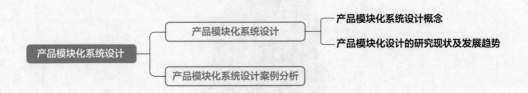

/ 学习目标

知识目标

了解相关模块化案例。

/ 4.1 / 产品模块化系统设计

模块的观点起源于儿童的积木，运用每一个组件或单位结构的各种造型。每一个组件都有一致的接口或组装规范，确保每一个单位组件和模块都可以交换及组合。如图 4-1 所示的永州纪念品产品系统设计中，将回龙塔外观造型——八边形及腰檐形态运用到收纳盒的造型上，层层叠进的构件可用作收纳盒不同大小规格的设计。将本地特色建筑元素运用到旅游产品的设计上，一方面具有地域代表性，另一方面独特的造型带给游人特别的旅游纪念价值。

在设计中考虑模块化，一是利于产品更新、迭代和系列开发；二是可以延长设计周期，便于工厂加工制作，使产品快速、有效地投放市场。依据模块在全部系统中的功用，可分为多个不一样的模块（图 4-2）。

图 4-1 永州纪念品产品系统设计（1）（作者：金鑫，桂林电子科技大学产品设计）

图 4-2 永州纪念品产品系统设计（2）（作者：金鑫，桂林电子科技大学产品设计）

在设计序列化产品时，应思索模块化设计办法。例如将每个系列都分成模块，然后把这些模块组合在一起运行。辨认类似的外形、色彩、构造和功用，对它们实行分组并清晰地定义它们之间的关系。

经过设置将这些庞杂的元素和暗藏部分衔接到模块中。模块化设计不仅可以减少或消弭产品弊端，还可以提升产品线和产品质量，降低成本。

模块化产品设计是指将生活中的产品分成分若干个部件（模块），其中部件产品具备主动组合的功能，可以通过不同的搭配来使用。20 世纪初，"模块化"理念最先由一家德国家具设计公司提出。后来模块化设计方法被普遍运用于众多行业，特别是机械行业，其中在 20 世纪中期，一些有名的设计师正式提出了所谓的"模块化设计"。模块化设计可以创建和设计一系列基于不同功用、不同产品规格的功用模块，在特定范围内实行不同的功用或实行相似的功用。

经过用户差异的选择搭配和产品形式组合模块，可以创建不一样的个性产品，如图 4-3 所示为模块化儿童收纳系统设计。

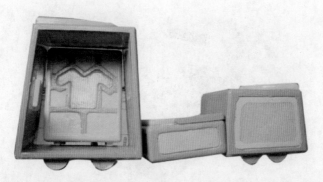

图 4-3　模块化儿童收纳系统设计（1）（作者：孟阳，桂林电子科技大学产品设计）

模块化的定义为具有部分相似性能的组件，如图 4-4 所示。根据产品模块完成详细功能的特征，形成可以组装的小组件，如图 4-5 所示。每一个模块包括几个实例（图 4-6），组合后可实现与单体不一样的功能。

图 4-4　模块化儿童收纳系统设计（2）　　　　图 4-5　模块化儿童收纳系统设计（3）

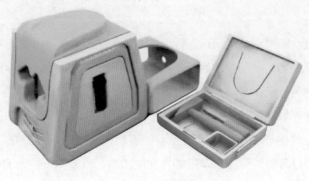

图 4-6　细节图

　　模块化设计的价值是提高产品组装设计效能，延伸其产品使用的生命周期性，降低消费成本，使设计被广泛采用，获得市场销售的主动权，抓住用户（图4-7）。

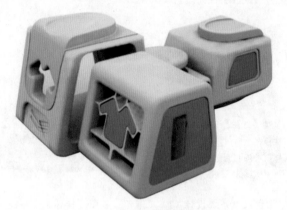

图 4-7　收纳效果

　　以性能为基础元素，以市场为导向性，通过类似模块的不同种类组合和交换，变化为多样化、个性化的产品（图4-8），赋予其新的生命意义。整体组合效果如图4-9所示。

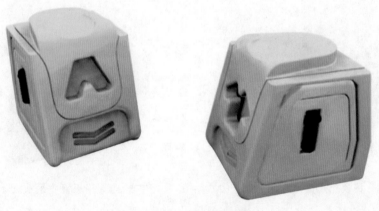

图 4-8　模块化效果

　　电蒸锅系统设计如图4-10所示。设计灵感来自白云随意、弯曲的外形特点。外观典雅大方，线条简单流畅，能更好地区分层次，尽显柔美。主体部分使用了不对称的设计，打破非圆即方的电蒸锅设计常规，看起来更加活跃。

　　蒸笼交界处有橡胶密封圈，可防止蒸汽外漏，节约能源，两端的把手能使用户更便捷地挪动蒸笼。主体中心的按键能够对当前的工作状态进行指示，并做开始、暂停等简单的机械操作。通过右侧外置注水口能够方便地加水，省去卸下蒸笼的麻烦。

图 4-9　整体组合效果

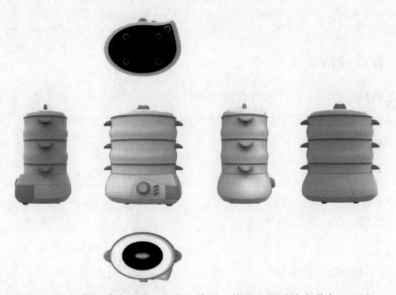

图 4-10　电蒸锅系统设计（作者：姚君，桂林电子科技大学产品设计）

/ 4.2 / 产品模块化系统设计案例分析

4.2.1　电水壶

20 世纪初，德国"设计之父"贝伦斯运用模块化系统为 AEG 公司设计了一系列电水壶产品。通过对电水壶部件的功用剖析，将其划分为壶身、壶盖、手柄和底座等基本构造模块。其设计了三种不同外形的壶、两种盖、两种手柄和两种底座，对不同的模块进行了不一样的材质和外表处理，经过规范化接口组装模块，生产出 24 个不同外形的电水壶。贝伦斯为 AEG 公司设计的电水壶如图 4-11 所示，这是模块化设计在家用电器领域的应用。

图 4-11　贝伦斯为 AEG 公司设计的电水壶

4.2.2　音符音箱设计

桂林七星杯旅游产品设计大赛音符案例，是时尚与古典的完美结合，更具时尚感。主音箱除播放功能外，还可以放置 CD，使用更加方便，而两侧小喇叭可拆可合，具有灵活多变性（图 4-12）。

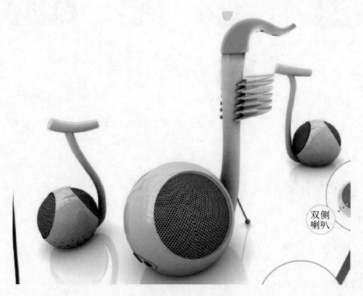

图 4-12　音符产品（作者：桂电产品设计系学生）

可以把简单的图形组合成契合几何美学的图形，把一个庞杂的图形分解成多个容易的简单图形，然后再进行组合（图 4-13）。

模块化拆卸把手更加容易组合和拼装,将其设计在产品之中,如图 4-14 所示就是非常好的体现方式。

此设计以音符为主要设计灵感,取其形,表其意,进行进一步的升华(图 4-15)。

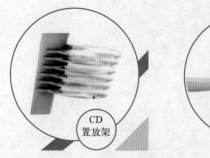  

图 4-13 细节图(1)　　　图 4-14 细节图(2)　　　图 4-15 细节图(3)

4.2.3 拼图餐具设计

桂林七星杯旅游产品设计大赛的餐具设计如图 4-16 所示。

图 4-16 餐具设计

本次参赛作品为家用私人餐具,名称为拼图餐具。这款餐具针对的人群为年轻人,这类群体的特征主要是追求高品质,喜欢享受与众不同的生活。

针对人群特点,这套餐具采用拼图形式来呈现。这款餐具的使用状态非常巧妙,盘子(碗)经过拼插可以更好地利用空间;当人手不够,可以将盘子(碗)进行叠放一起端出,更加节省时间且避免了太多人在狭窄的厨房穿梭而手忙脚乱。这款餐具采用不锈钢材质制作,包括勺子、筷子、牙签盒、碗(图 4-17)、盘子(图 4-18)。简单的线条便于清洗,并且与现代简约家装风格匹配,使得餐具与家装融为一体。

图 4-17 不同组合效果

图 4-18 收纳效果

4.2.4 宠物手机设计

手机的外观以"猫"为造型（图 4-19），运用了夸张的曲线；材质上大部分运用 ABS+PC 表面喷涂塑胶，更具亲和力；手机的后方有一个凸起，不仅满足其功能，而且正好与手贴合，更符合人体工程学；色彩上运用了经典的白色和银色，同时搭配亮丽的颜色来满足 18 ~ 25 岁女性对色彩的要求，使得手机更有档次和质感。

未来手机更加注重产品与人的情感互动。结合女性的喜好，以"宠物猫"为概念，将猫的行为与产品相融合，同时实现宠物与人的互动（图 4-20）。

此产品不仅仅是给人以视觉上的舒适体验，同时有多种状态下猫的声音，来提醒和暗示用户（图 4-21）。

图 4-19　设计草图

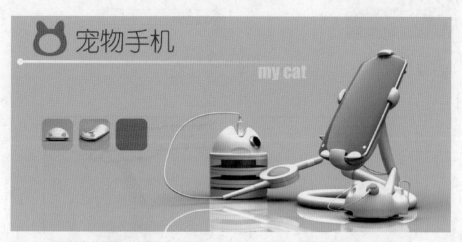

图 4-20　宠物手机设计（作者：张梦瑶，桂林电子科技大学产品设计）

手机能发出提醒用户的指令，如来电、闹铃等，运用电磁体使重心移动，让手机从桌面跳起，当轻拍手机后提醒关闭（触摸感应技术）（图 4-22）。

手机采用滑盖结构，整体效果如图 4-23 所示。

手写笔和支架如图 4-24 所示。手写笔拴在猫尾巴的部位，支架下部为铝合金管，可塑性强，可以随意弯曲缠绕，调节到适合的角度。

4.2.5　产品个性化定制模块化应用

儿童保温碗是家用用具的一种（图 4-25），主要用于食物的贮存和保管。在当代生活中，人们期望通过为保温碗添加个性化元素或功用来定制产品（图 4-26）。

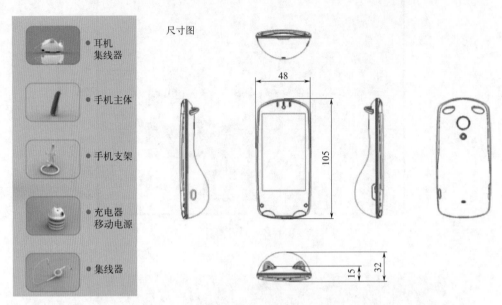

图 4-21　尺寸

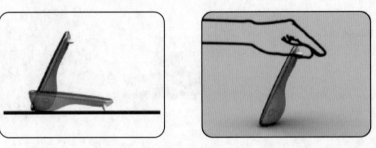

图 4-22　使用状态

(a) 滑出后键盘亮起的状态

(b) 指示灯亮起

图 4-23　整体效果

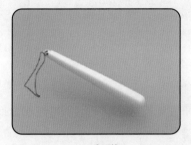

(a) 手写笔　　　　　　　　　　　(b) 支架

图 4-24　手写笔和支架

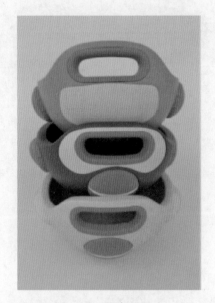

图 4-25　儿童保温碗

图 4-26　使用场景

材质如图 4-27 所示。依据市场调研和预测，儿童保温碗可分为以下三个个性化模块。

① 用户定义的模块。

② 固定的模块。固定的模块更容易组装和拼接。

③ 辅助模块。可以通过优化产品配置，来完成模块之间的准确协作和衔接器及衔接外表的准确运用，以满足客户的不同需求。

图 4-27　材质

/ 思考与练习

列举生活中产品模块化系统设计的相关案例。

第 5 章
/ 产品系列化系统设计

/ 知识体系图

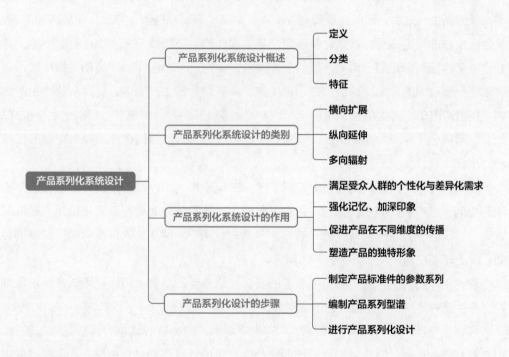

/ 学习目标

知识目标

1. 掌握产品系列化系统设计的概念。

2. 理解产品系列化的类别与特征。

3. 了解产品系列化系统设计的作用。

4. 掌握产品系列化设计的步骤和方法。

技能目标

1. 能够清晰描述产品系列化系统设计在日常生活中的应用情况。

2. 能够举例说明产品系列化系统设计的类别及应用。

/ 5.1 / 产品系列化系统设计概述

5.1.1　产品设计系列化系统设计的定义

系列化是指按照产品制造过程与应用的技术特点，采用技术经济分析方法，对产品加以合理的综合与简化，对其主要参数与性能指标按照相应的规则加以划分，并将产品的种类规格进行合理调整，以形成产品系列化。

系列化是标准化的一种高级表现形式，目的是尽可能简化和优化产品规格及产品品种，以提高生产效率，降低生产和回收成本，尽可能满足消费者多方面、多层次的需求。从企业生产的角度来看，系列化可以使产品零部件的生产和装配标准化，有利于单个或多个零部件能够满足同一系列产品的装配要求，也有利于零部件的升级和更新换代。它可以使一个公司的产品快速地改造和再生产，降低企业的生产成本，提高企业的生产效率。从福特汽车公司的 T 型车出现至今，产品的系列化生产从未离开过标准化生产模式。如今，系列化作为一种生产系统，要求更加严格细致，因此系列化产品具有更高的标准和特点。

系列化方法在产品系统设计中被赋予了新的手段和内涵，即通过设计原则和美学原则的应用，对产品的形状、颜色、材料、结构、功能等多方面进行系列化设计，形成形式统一、风格一致、形象特征统一的系列产品。有利于多种产品的开发和同类产品的协调，以满足现在和未来消费者的不同需求。

系列化产品可以为公司吸引更多的消费者，培育新的消费者需求，塑造产品形象地位，产生品牌效应，树立良好的品牌形象。

系列化设计不仅可以有效提高产品的使用寿命，提高核心竞争力，提高服务质量，丰富消费者的选择，还可以促进设计的统一性，将设计风格与文化相统一，这样可以提高公众认知度，促进企业持续健康发展。

5.1.2　产品系列化系统设计的分类

系列化产品的分类一般可分为成套系列、组合系列、家族系列和单元系列，如图 5-1 所示。系列化产品在功能、形状、材质、颜色、质地、机械结构等方面具有很大的相似性和相关性，具有较强的市场认知度；不同系列的产品不仅丰富了企业的产品种类，也为消费者提供了更多的选择，还会产生更多的情感共鸣。

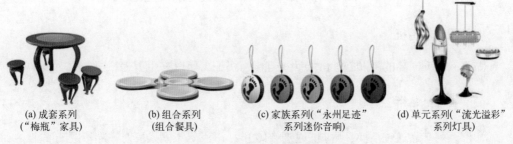

| (a) 成套系列 ("梅瓶"家具) | (b) 组合系列 (组合餐具) | (c) 家族系列("永州足迹" 系列迷你音响) | (d) 单元系列("流光溢彩" 系列灯具) |

图 5-1 产品系列化类别示例

(1) 成套系列

该系列产品外观和功能相似，型号、尺寸、规格各不相同，每个单品都有特定的功能，比如"梅瓶"家具。

(2) 组合系列

该系列产品具有多项独立功能，以不同产品部件构成系列，既可单件使用，也可组合使用扩展其功能，以此满足不同需求，如组合餐具（作者：蒙林溪，桂电 2009 级产品设计）。

(3) 家族系列

此类产品组成的系列一般功能相同或相似，但产品在颜色、形状和款式上有更多细微差别，如"永州足迹"系列迷你音响（作者：陈彦安，桂电 2009 级产品设计）。

(4) 单元系列

此类产品中不同的功能或部件是单独一个单元，每个单元可以服务于不同的目的，以满足共同的总体目的，构成一系列产品，如"流光溢彩"系列灯具（作者：李梁，桂电 2009 级产品设计）。

5.1.3 产品系列化系统设计的特征

(1) 关联性特征

即产品系列功能的因果关系、依存关系和继承关系。

（2）独立性特征

即系列产品当中的某个单独产品或产品的某个功能可以独立运行。

（3）组合型特征

即将一系列产品的不同部件或模块相互组合搭配，可以产生更强、更大的功能。

（4）互换性特征

即该系列产品通过互换、协调产生新的功能，以满足不同人群对产品不同的需求。

不同类型的产品系列化表现出不同的特点和差异，了解这种关系有助于系列化产品设计和产品形象建设，如表5-1所示。

表 5-1　产品系列化类型与特征关系

系列类型	关联性	独立性	组合性	互换性
成套系列	较为紧密	较为独立	一般	不可
组合系列	较为紧密	一般	较强	可
家族系列	形式上的关联	较为独立	形式上	无要求
单元系列	一般	较为独立	功能上	不可

/ 5.2 / 产品系列化系统设计的类别

5.2.1　横向扩展

横向系列是指以完全不同的、独立的产品为元素组合，形成一个产品系列。产品横向变换的目的是带来具有完整意识的长期品牌效应，利于企业具体服务目标的实现。

横向就是将产品的内容进行丰富和提升，尽可能将产品全面扩展，使得产品更加多样化，让产品有更多的细分品类。在具体的设计上，产品具有大致相同的基本部件，适当的搭配和细节处理，以满足不同消费者不同层次的需求。比如在普通风扇的深入开发和设计中，会有落地风扇、无叶风扇和多功能风扇等产品出现。

横向系列设计针对不同消费层次的消费者，同一产品可以采用不同的款式和配置来实现。比如家用车一般分为低、中、高档，价格也有高有低，这受产品材质、设计、装饰、生产时间等因素的影响。但作为一个横向系列，也应充分考虑组件的通用性和标准化。

横向系列化的本质在于跨系列的各种规格。横向系列的构成是通过相同的用户定位、技术标准、设计元素形成的具有不同特性的系列产品。产品内容的横向丰富和更全面的产品拓展，有利于产品的完善和产品的细分。使用相同的部件制作产品。增加的产品结构不需要更换大部分基本部件。从这些基本部件中，选择合适的生产方式，在具体的设计中满足不同消费者的需求。这种横向扩展的最大优势是加强和进一步开发同级别的产品。产品的质量是相同的，由许多同质产品组成，每个产品都有自己的优势。

"流光溢彩"系列灯具中包含吊灯、餐灯、壁灯、台灯、落地灯五款，都是用源自海底世界的海螺作为设计原型进行意向仿生的。灯具外形均以曲面打造，材质均采用玻璃、金属、高光漆树脂，再使用类似的工艺表达来完成此系列灯具的设计，如图 5-2 所示。

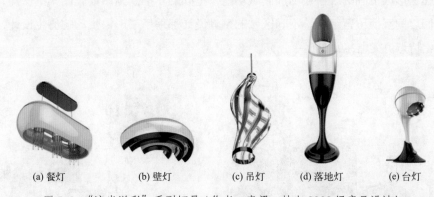

(a) 餐灯　　　(b) 壁灯　　　(c) 吊灯　　　(d) 落地灯　　　(e) 台灯

图 5-2 "流光溢彩"系列灯具（作者：李梁，桂电 2009 级产品设计）

5.2.2　纵向延伸

纵向系列产品一般将可互换的部件划分成模块，再与产品的主要部件组合，进而衍生出不同的系列。由于纵向系列产品由具有独立功能的多种不同产品组合而成，因此该系列产品具有互换性强的特点。也就是说，产品的设计需要严格按照行业生产标准，遵循行业或国家标准，规格尺寸要统一，做到所有配件通用。由于纵向系列产品的互换性和标准化，可以充分发挥产品的功能，也使该类产品比其他类型的产品具有更好的适应性。

纵向系列产品是产品线中的一个独立的产品，具有独立的特性。通过将独立产品组合成变形系列或变形产品来扩大产品开发领域。纵向系列产品是具有各种定制定位、价格定位和技术标准的产品系列。纵向系列产品往往在外观、形状、颜色和材料上有所不同。纵向延伸的产品线的系列产品通常具有特定的模块化比例，可以轻松转换为模块化。纵向系列产品往往是同类产品，但各有各的功能，比如模块化家具和子母电话等组合产品。纵向系列必须在产品变更之前考虑到基础部分的设计，以最大限度地提高基础部分的通用性。随着技术的进步，纵向扩展变得越来越重要。

纵向延伸还可以创造很多市场机会。随着市场个性的变化和现代科技的进步，纵向系列产品对人们选择产品的标准有很大影响，在生命周期方面会导致其缩短，新产品的市场活力必然要比旧产品高。垂直扩张可以实现领域上的跨度，水平比同一行业要高，但挑战更大，这是对产品研发、营销的考验。根据顾客要求、市场反馈、分析工艺、条件技术、成本核算，预测产品是否能够满足要求，是否能够满足制造商的工艺和技术，是否有利于国民经济。

"新"系列桌椅柜组合家具在设计中运用了模块化设计，里面的小柜子可以抽出来垒叠在一起，形成不同的组合和增加储藏功能，不同的小柜子虽然锁孔图案不一样，但不影响它们之间互换位置组合。不同区域的家具设计都采用了形象生动的仿生设计，让家具系列化特点更突出，如图 5-3 所示。

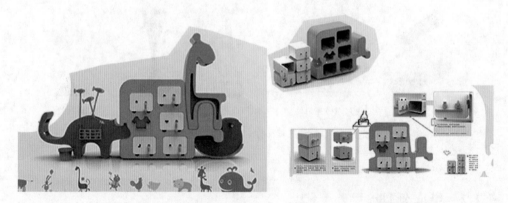

图 5-3 "新"系列桌椅柜组合家具（作者：张膑方，桂电 2007 级产品设计）

5.2.3　多向辐射

多向辐射系列产品本质上是一个跨系列的产品，往往是性能相同或通用零件组成的不同类型产品，通过多角度、多方式和多层次的转换设计而形成。多向辐射在原理和技术上具有相似的特点，产品风格和愿景是统一的。在科技发达的今天，标准化程度相当高，多方位辐射具有新的内涵，在技术与设计上保持平衡。产品系列化设计站在技术的一边，产品造型风格的表达，内容符合现代审美、文化理念、精神需求，解决问题加以创新，真正将技术与设计完美融合。让系列化产品不仅在技术上多向辐射，而且追求跨越不同系列品牌的辐射。首先，不仅是同类产品设计的系列，还可以延伸辐射到其他产品类别，例如华为手机品牌曾分为荣耀系列和华为系列，除了手机设计，还有辐射相关的系列产品开发设计，包括可穿戴电子设备、平板电脑等。其次，要借鉴其他优秀的品牌产品设计，并将其融入自有系列产品的开发设计中，从而开发和拓展产品种类，拓展更多市场，进行多方位的系列产品开发。

多向辐射设计的主要特点是形成具有相同性能或通用部件的不同类型的产品，并根据市场需要增加或去除、替换或重新添加产品的某些元素，多层次、多渠道转换设计，以形成产品系列。在方法和理论上，这类产品是有相同点的，共性体现在产品的视觉效果上。现如今高机械化已然是世界的大趋势，这是技术零件统一的最大优点，在保持技术零件相对稳定的前提下，美观和新的元素设计让产品更具美感，将科技与艺术相结合，产品研发也会更加偏向运用科技元素。因此要将产品进行一定的优化和提升，产品作为生活载体，就要以技术发展为导向，为提高人们生活质量而服务。

/ 5.3 / 产品系列化系统设计的作用

5.3.1 满足受众人群的个性化与差异化需求

产品的受众是多方面、多层次的。就购买目的而言，一些用于私人用途或作为收藏品收集，而另一些则呈现给与买家密切相关的人。受众可分为两类：单一受众和群体受众。根据社会关系，受众可分为家庭、同事、朋友、兄弟姐妹、教师和学生等。系列创意产品的个性化、差异化能够满足受众的需求，由于市场需求的变化、精细化程度的提高使得现有的消费模式有了较大的变化，也迎来了一些挑战。出现了较为统一的市场，而且个性化消费市场开始成为主流，同质化、单一化的消费群体开始逐渐消失。针对藏品中的文化符号及其与人的关系，可以设计一系列文化创意产品，以满足此类作品个性化和差异化的受众需求。

5.3.2 强化记忆、加深印象

人们经常认为外部感官的刺激是感觉，但实际上感官世界是感觉和知觉的世界。感觉是对物理世界能量的初步检测。人们的生活充满了感官刺激，而刺激本身是没有意义的，无论人们感知与否，它们都是客观存在的。当它们被分析并处理成高级模式时，它们就具有了意义。如果产品在各种感官知觉体验中得到增强，一旦用户感受到感官知觉，就会逐渐增加对之前没有产生过的特殊刺激的敏感度，产品图像中视觉图像信息在大脑输入和输出的感觉被激活，也就是兴奋。大脑提供图像记忆的感官形式，这些视觉记忆可以在大脑中存储一段时间，具体时间取决于刺激的数量和强度。如何使大脑中的记忆更持久，从短期记忆转变为长期记忆的方法之一称为编码。

文创产品通过各种信息刺激人们的感官，感官刺激能被人们记住。当一系列的产品呈现在消费者面前时，它们共同作用的结果是个体产品信息的积累和组合，从而加强了消费者对产品个性的记忆。产品可以传递的信息可以分为两种：一是理性信息，包含产品设计的功能、材质、工艺、制造等，理性信息严格表现为一个属性，是固定的，比如传统木椅的功能是供人们就座，使用的材质是木材，椅子使用传统的榫卯工艺制作，所有这些信息都传达和决定了椅子的"合理性"；二是感性信息，包括产品造型、颜色、用途，产品造型是否圆长，如果是圆造型，则显示圆润、丰满、憨厚的信息，假设是长造型，则表现性感、苗条、坚韧的信息。要达到强烈的感官刺激，需通过产品形态的颜色、形状、材质、比例以及它们之间的相互关系，创造出符合审美规律的某种产品，从而吸引人们的关注和喜爱，使消费者产生不同的心理情绪，如夸张、内敛、开心、轻松、神秘等，使用户感到亲切和愉悦，进而形成产品特有记忆。

对称规整的几何形态，彰显出架构的稳重，有利于营造庄严、肃穆、祥和的氛围；规整、活泼的圆形表现出流畅、合理、包容的理念，有利于营造快乐、愉悦的氛围；曲线能创造出动感极强的造型，容易让人感觉到活泼和跳跃，有利于营造温馨、自由、轻松的氛围。

在用户使用产品的过程中，产品本身所传达的信息会刺激人们产生不同的体验感受，而这种认知体验不会随着停止使用产品而立即消失，这一系列的意识会储存在大脑中，强烈的感官印象和良好的体验会给人一种记忆深刻的印象。例如，当人们观看美妙的或充满爱的场景时，听着优美的歌曲或激动人心的音乐，触摸一个感觉很好的手机，品尝甜橙，或闻到一缕清香，都会使感官产生不同的反应。人们可以通过感觉器官去感受外在形象的产品特性，然而，这种感觉只是最初的感知链环节，大脑感觉器官对信息的刺激和处理做出反应，对信息进行编码、存储、转换，而对于这个理解和感知的过程，大脑很可能会响应一个新的思维，重新开始一个新的循环，重复这个循环来加深对产品的记忆。

产品形象会在人脑中留下生动记忆，形象记忆是主体提供给外部客体的信息的外在形式进行记忆的过程，是可以直接识别的外在属性，如产品的形状、颜色、材质、标志、大小等。任何能引起视觉或听觉、唤起触觉和记忆的东西都属于视觉记忆，主要用于设计。形象记忆的形成依赖于产品的视觉形象，也就是靠人们的感知。颜色、形态、图案和纹理都对感知相似性有明显影响,可以通过一次使用多个设计元素来增强这种相似性。

以被感知事物的形象为内容的是形象记忆,一般以表象形式存在,也叫"表象记忆"。感知设计属性对产品类别成员有很强的影响,具体化的认知和感知符号系统是研究新产品开发和更广泛的管理及消费者决策的有效理论框架。对于一个事物,使用图像记忆法就是利用一个场景,通过信息与一些特定图像的关联,来增强人们对信息的记忆。

当提到一个概念或一个名词时,名词对应的客观事物的外在形象、性质和意义就会出现在大脑中。比如一提到太阳,大脑就会闪现基本认知,即太阳是一个带有白光的圆球体。当提到"河流""悬崖"和"壁画"时,大脑会联想到三个名词在一起的形象,一个由河流、悬崖和壁画组成的场景;然后,继续从"壁画"中提到"太阳""狗"和"蛙人"等词。大脑继续反映蛙人、太阳和狗等一系列模式。最后,将这些图案连接在一起,图案内容所表达的节日、风俗以及日常生活的场景就出现了。

首届桂林七星杯全国旅游创意产品设计大赛中,桂电工业设计创新工作室设计了一组广西风情文具,这款旅游礼品设计提取了广西的铜鼓和少数民族的建筑元素,充分体现了民族特色与实用性的结合,让人印象深刻,如图5-4所示。

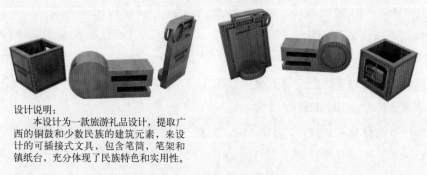

设计说明:
　　本设计为一款旅游礼品设计,提取广西的铜鼓和少数民族的建筑元素,来设计的可插接式文具,包含笔筒,笔架和镇纸台,充分体现了民族特色和实用性。

图 5-4　广西风情文具

5.3.3　促进产品在不同维度的传播

系列化信息不仅有助于传达产品设计理念,还可以调动用户的感官体验,系列化信息的驱动功能更便于用户掌握产品信息。首先,系列产品统一的视觉效果更能强烈地影响普通消费者的感受,产品所蕴含的企业文化和地域文化更容易让消费者进一步理解;其次,通过系列产品中具有各个层次特征的文化符号,可以在认知过程中有效地传递与产品相关的各个层次的文化。

5.3.4 塑造产品的独特形象

良好的形象容易被人记住，产品的形象也是如此，产品的形象取决于设计师，设计师是产品新形象设计的创造者，通过产品的"外观"和"内在"的设计及改造，产生新的产品形象。这个过程需要设计师从零到视觉的二维图像再到产品的三维图像，进行巧妙、有序的设计。只有达到了良好的品质形象并在很长一段时间内不断加强和得到消费者的认可，最终才能上升到社会形象层，企业当中就是人们常说的品牌形象。对文创来说，只有从品质形象延伸到社会现象，文化遗产才能被更多的人知晓和理解，只有通过文化创意产品的销售和使用，才能更快、更有效地传播地方特色文化。

为实现上述目标，应采用系列化设计手段，设计文化创意产品的成套、组合、系列产品群，并进行多层次、多系列的创新设计，即线导向、辐射导向，告别单一、分散、模糊的文化创意产品设计。设计思想的表达有利于系列化，且具有驱动功能，如激发用户感官、帮助用户获取产品信息。该系列产品通过产品形象效果的统一，使得用户能够感受到强烈的感官刺激。这类产品具有不同于其他产品的形象质量，即由角色生成的产品视觉形象。因此，为了吸引消费者，使其有更深的视觉体验，应深刻理解产品背后的文化，认识和依赖产品的功能和体验，形成更深层次的形象层——品质。

系列化产品在数量和形式上更加多样化，给人们更强烈的感官刺激、更有冲击力，进而在大脑中形成更强、更持久的形象记忆，赋予其以独特的产品形象并与流行产品区分开来，从而形成新的竞争力。产品独特的形象得到成功塑造，会将这种形象语言辐射到企业的各方面，进而树立产品的品牌形象。同样，产品形象也成为企业向社会传达和宣传企业理念及企业形象的载体。

随着经济全球化和大众市场的解体，企业产品变得更加多元化，产品的品种和系列得到广泛推广。系列化产品对于服务大众市场和小众市场尤为重要，这也是让产品成为用户生活和必需品的一部分。系列化产品不仅让消费者更容易识别自己的产品，还能引导用户将已有的体验和对产品的归属感转移到后续的产品中。此外，系列化的设计表达手段可以丰富和强化产品形象的核心语言，更自然有效地传播产品形象，形成独特的产品形象并加以巩固，加深消费者对品牌产品的印象，让企业文化影响用户，提升品牌价值。

产品形象以产品设计为基础，由多个设计元素构成。从工业设计的角度来看，产品形象设计是一个系统的产品设计过程，应统一考虑、整合各种设计元素及相关因素，做出可行、合理的规划，最终各种设计元素得到规划和考虑。产品视觉形象强调的产品外延部分，包括外观、材质、色彩、质地和风格等，文创产品系列化设计也应遵循这些基本原则。首先，从非物质文化有形的表象当中观察、挖掘、总结，包括岩石的颜色，画笔的大小，布局。同理，对于其他文化遗产，如果需要对其进行文创产品设计再创新，在产品设计的过程中，文化创意产品的形象应纳入文化遗产原始发展演变过程，以形成有效认识，只有这样的形象变化才是有价值的，才算是文创产品的创新。

首届桂林七星杯全国旅游创意产品设计大赛中，来自桂电工业设计创新工作室设计的壮族风情文具系列，利用相同的壮族元素，设计功能不同的文具，最后组合成一套功能齐全的文具，如图 5-5 所示。

图 5-5　壮族风情文具

/ 5.4 / 产品系列化设计的步骤

产品系列化设计可分为三个步骤：首先制定产品标准件的参数系列，然后编制产品系列型谱，最后进行产品系列化设计。

5.4.1　第一步：制定产品标准件的参数系列

① 一般产品有两个基本参数系列：一个是性能参数；另一个是几何参数。在选择合适的参数前，需要考虑两个方面：一方面考虑眼前的需求；另一方面考虑在未来的开发中与类似的配套产品进行协调。

② 从经济和技术两个方面对确定的参数系列进行比较，选择最有前景和代表性的基本类型。在这一基本类型的基础上，开发各种替代产品，然后从基本类型中推导出一系列类型谱。

③ 每个基本型号应设计成一个完整的产品系列。在开发替代产品系列的替代品时，应尽量减少特殊零件，以避免生产的复杂性。

5.4.2　第二步：编制产品系列型谱

产品系列型谱是在分析国内外同类产品的基础上，以产品链的基本系数为基础，用简单的图表示产品之间的关系以及产品的发展趋势，形成一个简单的产品类别编号表。

5.4.3　第三步：进行产品系列化设计

系列化设计是基于基本模型对整个系列产品进行的技术设计或结构设计。

/ 思考与练习

1. 选择一个品牌的产品，列出其中不同类别的系列化产品。

2. 列举因产品系列化系统设计而带来巨大影响或改变的产品或品牌。

3. 运用产品系列化系统设计的创新设计方法设计一组电子产品。

4. 产品系列化不同类别的区别是什么？

5. 产品系列化系统设计除了文中列举的创新方法外，还有哪些？

6. 产品系列化系统设计的主要构成因素是什么？

第 6 章
/ 产品系统设计方法

/ 知识体系图

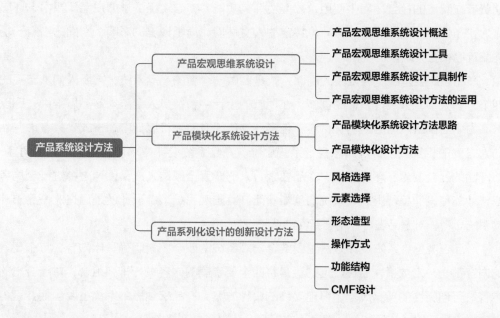

产品系统设计方法
- 产品宏观思维系统设计
  - 产品宏观思维系统设计概述
  - 产品宏观思维系统设计工具
  - 产品宏观思维系统设计工具制作
  - 产品宏观思维系统设计方法的运用
- 产品模块化系统设计方法
  - 产品模块化系统设计方法思路
  - 产品模块化设计方法
- 产品系列化设计的创新设计方法
  - 风格选择
  - 元素选择
  - 形态造型
  - 操作方式
  - 功能结构
  - CMF设计

/ 学习目标

知识目标

1. 理解产品宏观思维系统设计的概念。

2. 了解产品宏观思维系统设计的操作方法和技巧。

3. 掌握产品模块化产品系统设计的运用方法。

4. 掌握产品系列化产品系统设计的运用方法。

技能目标

1. 熟练掌握三种方法的原理，运用工具进行工具制作。

2. 能够熟练地运用方法提出设计思路。

3. 进行创新性思维的培养与训练，学会摆脱习惯思维的创新设计。

/ 6.1 / 产品宏观思维系统设计

6.1.1 产品宏观思维系统设计概述

产品宏观思维系统设计是通过产品的宏观系统四要素进行组合，考虑在特定场景下为特定人群进行的特殊设计。产品宏观系统包括的四个要素分别是社会、环境、人、产品。在产品的宏观系统中，强调"产品"不是孤立的，而是一个开放的系统，产品需要消费者在特定的社会环境中使用，才能发挥其功能。在宏观经济学的产品体系中，环境作为"布景"，产品作为"道具"，特定的人文环境、周围设施的影响、空间的占有、功能配置等相互关联。

产品系统要呈现一种全新的局面，或是要做一个新的产品系统，需要人们从宏观的四个方面入手，去进行设计的创新。在现有的设计中，很多人会陷入产品思维中，即以产品为中心，从产品的结构、材料、色彩、纹理等方面进行设计考虑，或是只考虑产品与人之间的相互关系，从而忽视了系统思维。产品系统设计要求设计者从系统的角度，将产品的社会要素、环境要素、产品要素、人的要素全部纳入产品设计之中进行全局考虑，才能使设计呈现出一个系统的创新。而产品宏观思维系统设计便是通过对产品宏观的系统思考，对产品进行一个创新性的系统设计。

产品宏观思维系统设计方法主要结合宏观系统的四个要素明确具体内容，每个要素的内容都有一定数量，通过一定的工具将四个要素里的内容进行排列组合，对组合出的内容进行创新性的头脑风暴，得出最终的设计方案。产品宏观思维系统主要包括要素内容确定、排列组合工具制作、要素内容组合、头脑风暴四个阶段。

第一阶段：要素内容确定阶段。

要素内容确定阶段也可看作第一轮头脑风暴阶段。需要对宏观系统的四个要素做明确的定位，在每一个要素下确定具体的内容，即在什么样的社会背景下，为什么样的人群而设计，在什么样的环境下使用的什么产品。由于要使设计产生创新，这里每个要素下的内容都可进行头脑风暴，将四个方面下的内容尽可能多地罗列出来，后期可将这些要素进行排列组合，随机产生不同的要素组合，对产生的组合进行创新设计。

第二阶段：排列组合工具制作阶段。

在第一轮头脑风暴中对每个方面的要素都进行了确定，要进行创新性设计，需要对四个要素下的内容进行要素之间的排列组合。四个要素下的内容既可以在纸上进行排列组合，也可以利用一定的软件或工具进行计算机计算排列。纸上排列仅适合要素间内容较少的情况，且人工罗列较为耗时，具有一定的局限性。如当社会、人、环境、产品每个要素下仅有几个词语的情况下可进行纸上罗列，当每个要素下有五条内容时，便有625 种组合。因此需要利用计算机软件进行排列组合工具的制作，利用计算机进行辅助计算。

第三阶段：要素内容组合阶段。

制作好排列组合工具后，便可对四个要素的词语进行排列组合。由于四个要素的内容的具体性，可将组合出的词汇整理成一句话，如前所述，在什么社会背景下，为什么人群设计，在何种场景使用的什么产品。

第四阶段：头脑风暴阶段。

在此阶段，需要对前期排列组合整理出的一句话进行头脑风暴。在一定的组合下，激发设计思维，对平常想不到的组合进行深入思考，以达到设计创新的目的。需要注意的是，由于排列出的是四个要素下内容之间的所有组合，其中会有一些不合理的组合，使用者可忽略这些不合理的组合情况。

6.1.2　产品宏观思维系统设计工具

产品宏观思维系统设计主要是把社会、人、环境、产品四个要素换成具体的名词，进行碰撞组合，从而产生新的产品系统。在此过程中由于每个要素下的内容不止一个，能随机排列出相当多的组合，因此最好的方式是运用计算机进行排列计算。

这里运用的工具是简单的计算机办公软件 Excel，通过 Excel 制作相关头脑风暴界面，如图 6-1 所示，该界面主要包括四个显示区域，分别为数据表、结果表、辅助表、随机提取表。四个表各司其职，相互配合，以实现产品系统的组合。

① 数据表，如图 6-2 所示，主要内容是最基础也是最重要的一部分，数据表中包括产品宏观四要素：社会、人、环境、产品。在此表中输入四个方面的要素，经过函数公式的运算，可在另外三个表格显示相关数据。

② 结果表，如图 6-3 所示，表内包括五个方面：序号、社会、人、环境、产品。通过输入函数公式，在数据表第一轮头脑风暴中讨论出的所有内容都会在结果表内进行排列组合，并在每一行形成一句完整的话：在 ×× 社会背景下，为 ×× 设计的，在 ×× 环境下使用的 ×× 产品。

图 6-1　工具界面

数据表			
社会	人	环境	产品

图 6-2　数据表（1）

结果表				
序号	社会	人	环境	产品

图 6-3　结果表（1）

③ 辅助表，如图 6-4 所示，外在表现出的功能为显示每一列要素的数量以及排列组合的总数。总数 1 为数据表中社会要素输入的数量总数，总数 2 为数据表中人的要素输入的数量总数，总数 3 为数据表中环境要素输入的数量总数，总数 4 为数据表中产品要素输入的数量总数。而辅助表的另外一个功能是辅助相关函数的编写。

辅助表			
总数1	总数2	总数3	总数4
0	0	0	0
		组合总数：	0

图 6-4　辅助表（1）

④ 随机提取表，如图 6-5 所示，是在整个产品宏观思维系统设计中运用最多的部分。该表显示的是在所有组合里随机提取出的一句话，用于最终创新设计的头脑风暴。

随机提取表

图 6-5　随机提取表（1）

6.1.3　产品宏观思维系统设计工具制作

接下来将对上述工具的制作进行展开介绍，以便帮助读者快速找到排列组合的方法并使用。

① 数据表的制作，数据表是基础表格，无需任何公式，直接在 Excel 的横向第一行输入表格名称——数据表；第二行输入社会、人、环境、产品即可，纵向对应的空格，如图 6-6 所示，制作完成后可直接进行要素对应的词汇填写。制作好后可进行简单的装饰，将第一栏填充颜色，以及加边框处理。

	A	B	C	D
1	数据表			
2	社会	人	环境	产品
3				
4				

图 6-6　数据表（2）

② 辅助表的制作，这里便会运用到一定的公式。第一步在 A、B、C、D 四个纵向下留出一些空格供四要素的填写。然后如上述数据表一样，填写好表格名称——辅助表；在辅助表下一行输入总数 1、总数 2、总数 3、总数 4；空一行留着做数据表中每个要素填写词语的总量［这里会运用到 COUNTA 函数公式：总数 1 下空格，表

示社会要素下填写词语的总和，对应的公式为 =COUNTA(A3:A29)；总数 2 下空格，表示人的要素下填写词语的总和，对应的公式为 =COUNTA(B3:B29)；总数 3 下空格，表示环境要素下填写词语的总和，对应的公式为 =COUNTA(C3:C29)；总数 4 下空格，表示产品要素下填写词语的总和，对应的公式为 =COUNTA(D3:D29)。这里 COUNTA 函数括号内是每个要素下数量的区间]；在下一行输入组合总数（空格内输入函数公式：=A32*B32*C32*D32，将总数 1 至总数 4 数量相乘，得到排列组合总数量），如图 6-7 所示。制作好后可进行简单的装饰，将第一栏填充颜色并加边框处理。

30	辅助表			
31	总数1	总数2	总数3	总数4
32	0	0	0	0
33			组合总数：	0

图 6-7　辅助表（2）

③ 结果表的制作，用于表示排列组合出的所有结果的呈现。该表制作相对复杂，在时间条件有限的情况下可忽略。如图 6-8 所示，在 Excel 表的横向第一行输入表格名称——结果表；第二行输入序号、社会、人、环境、产品，在每一列后留一列空列。接着开始输入函数公式，该表的函数是在第三行进行。"序号"下一行表示呈现结果的序号，输入公式：=IF(ROW()-2<=($D$33), (ROW()-2), " ")。"序号"与"社会"之间空格的下一行输入公式：=IF(ROW()-2<=$D$33, "在", " ")。"社会"下一行输入公式：=IF(ROW()-2<=$D$33, INDEX($A$3:$A$29, MOD(INT((ROW(1:1)-1)/($B$32*$C$32*$D$32)), $A$32)+1), " ")。"社会"与"人"之间空格的下一行输入公式：=IF(ROW()-2<=$D$33, "背景下，为", " ")。"人"下一行输入公式：=IF(ROW()-2<=$D$33, INDEX($B$3:$B$29, MOD(INT((ROW(1:1)-1)/($C$32*$D$32)), $B$32)+1), " ")。"人"与"环境"之间空格的下一行输入公式：=IF(ROW()-2<=$D$33, "设计的，在", " ")。"环境"下一行输入公式：=IF(ROW()-2<=$D$33, INDEX($C$3:$C$29, MOD(INT((ROW(1:1)-1)/$D$32), $C$32)+1), " ")。"环境"与"产品"之间空格的下一行输入公式：=IF(ROW()-2<=$D$33, "使用的", " ")。"产品"下一行输入公式：=IF(ROW()-2<=$D$33, INDEX($D$3:$D$29, MOD(ROW(1:1)-1, $D$32)+1), " ")。输入完公式后，将第一栏填充颜色并加边框处理，这样结果表就制作完成了。当数据表的四个要素输入后，结果表便可自动呈现所有排列组合的结果。

G	H	I	J	K	L	M	N	O
结果表								
序号		社会		人		环境		产品

图 6-8　结果表（2）

④ 随机提取表的制作，也就是在所有结果中随机提取一行作为头脑风暴讨论的题目。虽然该表格相对简单，只有两行，如图 6-9 所示，但却是在整个头脑风暴参与中最重要的。在第一行输入名称随机提取表，第二行由八列组成，在第一、三、五、七列分别输入文字："在""背景下，为""设计的，在""使用的"，以便随机提取后可以组成一句话。这里运用到的是 Index 随机提取函数，在第二列输入公式：=INDEX(A:A, RANDBETWEEN(3,15))，以随机提取社会要素中的一个词汇。在第四列输入公式：=INDEX(B:B，RANDBETWEEN(3,20))，以随机提取人的要素中的一个词汇。在第六列输入公式：=INDEX(C:C，RANDBETWEEN(3,18))，以随机提取环境要素中的一个词汇。在第八列输入公式：=INDEX(D:D,RANDBETWEEN(3,22))，以随机提取产品要素中的一个词汇。制作好后可进行简单的装饰，将第一栏填充颜色并加边框处理。这样随机提取表就完成了，整个随机排列组合计算器也就做好了。

随机提取表							
在		背景下，为		设计的，在		使用的	

图 6-9　随机提取表（2）

6.1.4　产品宏观思维系统设计方法的运用

产品宏观思维系统设计方法分四个流程实施，整个实施过程通过上述工具辅助进行。

（1）确定要素内容

产品宏观系统的四个要素中，社会对应的是社会现象，人对应的是人群，环境对应的是特定的环境，产品对应的是不同类型的产品。利用产品宏观思维进行系统设计的第一步便是将四个要素转换成具体的词汇，如社会要素，可想到节能减排、健体养生、减肥、素食等；人的要素可转换成如单身女性、肢体残障人士、网约车司机、外卖员等；环境要素可转换成公园、车站、超市等；产品要素可转换成健身产品、座椅、口罩等。值得注意的是，这里为了使读者便于理解，要素罗列较少，但实际运用过程中需要尽可能多地、具象化地进行罗列，要素罗列得越多，可提供探讨的方向也就越多，而足够具象化才更能组合出创新的场景。整个罗列过程便开始用到制作的辅助工具，在数据表下将四个要素一一进行罗列，填写相关词汇，如图 6-10 所示。

数据表			
社会	人	环境	产品
节能减排	单身女性	公园	健身产品
健体养生	上班族	车站	座椅
素食	网约车司机	景区	口罩
减肥	外卖员	教学楼	背包
单亲家庭	盲人	超市	餐车
二孩政策	小学生	餐厅	

图 6-10　数据表（3）

（2）呈现组合内容

完成上述要素内容的罗列后，需要对词语进行数据呈现，将所有词语进行排列组合，便于后期的头脑风暴与设计转译。这里借助辅助工具进行，在第一步的数据表中输入好词汇后，在辅助表中会自动呈现出每个要素的数量总和及最终排列，如图 6-11 所示，社会要素总共提了 6 条，人的要素提了 6 条，环境要素提了 6 条，产品要素提了 5 条。虽然每个要素下的内容都不多，但从辅助表中可看到，排列组合出的数量已有 1080 条。并且，结果表已自动呈现出排列组合出的所有结果，如图 6-12 所示。

辅助表			
总数1	总数2	总数3	总数4
6	6	6	5
		组合总数：	1080

图 6-11　辅助表（3）

（3）随机提取

由于排列组合出的数据量相当大，在进行所有结果呈现后需要随机提取出一些数据进行头脑风暴，提取出用于后期转译成设计语言。这时也利用辅助工具进行随机提取，

结果表								
序号		社会		人		环境		产品
1	在	单亲家庭	背景下，为	单身女性	设计的，在	车站	使用的	座椅
2	在	单亲家庭	背景下，为	单身女性	设计的，在	车站	使用的	水杯
3	在	单亲家庭	背景下，为	单身女性	设计的，在	车站	使用的	房车
4	在	单亲家庭	背景下，为	单身女性	设计的，在	车站	使用的	餐具
5	在	单亲家庭	背景下，为	单身女性	设计的，在	车站	使用的	电饭煲
6	在	单亲家庭	背景下，为	单身女性	设计的，在	车站	使用的	背包
7	在	单亲家庭	背景下，为	单身女性	设计的，在	车站	使用的	洗衣机
8	在	单亲家庭	背景下，为	单身女性	设计的，在	车站	使用的	洗碗机
9	在	单亲家庭	背景下，为	单身女性	设计的，在	车站	使用的	洗手池
10	在	单亲家庭	背景下，为	单身女性	设计的，在	车站	使用的	冰箱
11	在	单亲家庭	背景下，为	单身女性	设计的，在	车站	使用的	垃圾桶
12	在	单亲家庭	背景下，为	单身女性	设计的，在	车站	使用的	自行车
13	在	单亲家庭	背景下，为	单身女性	设计的，在	车站	使用的	手机
14	在	单亲家庭	背景下，为	单身女性	设计的，在	车站	使用的	轮椅
15	在	单亲家庭	背景下，为	单身女性	设计的，在	车站	使用的	健身手环
16	在	单亲家庭	背景下，为	单身女性	设计的，在	车站	使用的	餐车
17	在	单亲家庭	背景下，为	单身女性	设计的，在	车站	使用的	眼镜
18	在	单亲家庭	背景下，为	单身女性	设计的，在	车站	使用的	口罩
19	在	单亲家庭	背景下，为	单身女性	设计的，在	车站	使用的	游戏机
20	在	单亲家庭	背景下，为	单身女性	设计的，在	车站	使用的	跑步机

图 6-12　结果表（3）

在 Excel 表中按 F9 键便可进行该操作。这里随机提取出 10 条数据进行后期设计转译介绍，如图 6-13 所示。

（4）设计转译

提取出的词汇需要进行讨论及头脑风暴，将词语转译成设计语言，产生新的产品系统及设计思路。由随机组合给出一条设计题目，思考其人群特征是什么？设计要点有哪些？设计出的产品大概是什么样的？如表 6-1 中的第一条，"在素食背景下，为上班族设计的在车站使用的座椅"。首先，思考吃素食的上班族有什么特征，他们可能更注重饮食健康及健康的生活方式，那么为他们设计的座椅，而且是在车站使用的，可以考虑在公共座椅上加上如健康监测功能及等车时的一些打发时间的功能。根据此方法将上述随机提取出的九条设计题目进行设计转译，这里需要注意的是，由于排列组合的随机性，排列出的组合并不一定每个都完全合理，这时需要自行根据常识进行一至两个词语的舍弃。如随机提取中的第二条"在素食背景下，为单身女性设计的在景区使用的口罩"。在这里，素食背景与后面的组合便有一些不合理之处，因此可以将此背景忽略，直接思考为单身女性设计的在景区使用的口罩。再如第五条"在减肥背景下，为外卖员设计的在教学楼使用的餐车"。组合后就有一定的不合理性，需要忽略外卖员这样一个人群，直接考

随机提取表								
在 素食	背景下，为	上班族	设计的，在 车站		使用的 座椅			

随机提取表								
在 素食	背景下，为	单身女性	设计的，在 景区		使用的 口罩			

随机提取表								
在 减肥	背景下，为	盲人	设计的，在 超市		使用的 餐车			

随机提取表								
在 减肥	背景下，为	外卖员	设计的，在 车站		使用的 口罩			

随机提取表								
在 减肥	背景下，为	外卖员	设计的，在 教学楼		使用的 餐车			

随机提取表								
在 二孩政策	背景下，为	小学生	设计的，在 公园		使用的 背包			

随机提取表								
在 健体养生	背景下，为	上班族	设计的，在 车站		使用的 口罩			

随机提取表								
在 节能减排	背景下，为	网约车司机	设计的，在 餐厅		使用的 健身产品			

随机提取表								
在 节能减排	背景下，为	上班族	设计的，在 超市		使用的 口罩			

随机提取表								
在 二孩政策	背景下，为	小学生	设计的，在 超市		使用的 座椅			

图 6-13 随机提取出的数据

虑"在减肥背景下，在教学楼使用的餐车"。那么就需要反推，在教学楼使用的可能是学生，也可能是教职工，在教学楼使用的餐车就需要考虑能够计算热量或轻食合理搭配等功能的一个设计。

表 6-1 设计转译表

随机组合题目	人群特征	设计要点	产品重点
在素食背景下，为上班族设计的在车站使用的座椅	注重饮食健康，注重健康生活方式，生活压力大	车站打发时间，短暂休息	健康监测功能，打发时间的娱乐功能
在素食背景下，为单身女性设计的在景区使用的口罩	享受生活，独立自主，性格高冷	忽略素食背景，与景区游玩配合	口罩个性化，与景区文化相结合
在减肥背景下，为盲人设计的在超市使用的餐车	行动不便，情感更敏感	在超市进出口，轻食餐车	声控提醒，无障碍化
在减肥背景下，为外卖员设计的在车站使用的口罩	生活不规律，行动急促	忽略口罩要素，在车站打发时间	为外卖员在车站使用的座椅

随机组合题目	人群特征	设计要点	产品重点
在减肥背景下，在教学楼使用的餐车	忽略外卖员人群	在教学楼的可能是学生，也可能是教职工	计算热量，轻食合理搭配
在二孩政策下，为小学生设计的在公园使用的背包	好奇心重，好玩	既要满足日常书包功能，还需满足双人使用功能	双人使用，成长性功能，娱乐功能
在健体养生背景下，为上班族设计的在车站使用的口罩	追求新颖，注重健康生活方式，生活压力大	上班可能在公交车站使用	防雾霾，女士防止妆容被口罩蹭花
在节能减排背景下，为滴滴司机设计的健身产品	长期久坐，易躁易怒，大部分时间一个人在车里，较孤单	打发时间，锻炼需求，娱乐需求	环保无污染，具备娱乐功能，便于在车内使用的健身产品
在二孩政策背景下，为小学生设计的在超市使用的座椅	好奇心重，好玩，破坏性大	超市进出口，娱乐需求	双人使用，娱乐功能

/ 6.2 / 产品模块化系统设计方法

先将产品分化后再搭配组合是模块化设计的两个基本要素：按照标准化分成若干个组合模块；通过设计规则保障设计的搭配成功。

6.2.1 产品模块化系统设计方法思路

（1）合理分解模块

产品模块分化是模块化设计的根底任务。现在，经常使用的模块分化根底首要来自工程和机械设计范畴。它着重于依据系统自身的功能特色，从设计师、制造人和其他专业人员的角度断定分化根底。以手机为例，现在市场上有很多手机品牌和型号，但同质化严重，消费者的实际可选择性较低。从消费者的角度出发，根据消费者的需求，将手机分为显示、计算、存储和摄影（图像）、电源、外壳等基本模块，消费者完全可以根据本人的意愿配置个性化手机：喜欢文娱的用户可以选择配置更大的显示屏和更快的处理芯片；喜欢摄影（图像）的用户可以加强摄影模块。

另外，绿色设计的问题日益严重，设计师也应当将产品的生态作为从设计角度实施模块分化设计的手段之一。以生活中常见的牙刷产品为例，它不仅体积小巧，而且产品结构较小。构造容易组装，但使用普遍，更换频繁，特别是在宾馆的浴室，耗费大量资源；另外，常用牙刷材质的自然降解周期很长，对环境有很大的负面影响。依据生态特征，可将牙刷分为两个构造模块：刷头和刷柄。刷柄由耐用且可降解的材质制成，当刷头损坏时，可以更换刷头再次使用。改进牙刷设计可以减少消费者的丢弃率，让消费者能够购买自己喜爱的牙刷配件，搭配不同花样的牙刷，满足了用户特征化需要。

（2）优化设计规则

功用模块的合理规划是模块化设计的基本原则，结合模块化设计规范，企业展开创造性头脑风暴时将模块化设计中的设计规则分为两类：一类称为"可见规则"，是模块研发团队必须遵守的基本准则，用于确保子模块组合后可以完成预定的设计目标；另一类称为"隐形设计规矩"，是产品研发团队内部自行制定的规矩。"可见规矩"作为全部研发项目标的一致规范，必须严格确保各模块研发任务的平行推动，把控设计效力和设计质量；在实施"无形设计规矩"时，应给予企业研发团队充分的设计自由，在不违反规则的情况下，尽可能激起团队的创造力和发明力。

设计方式只适用于工程企业或研发团队，模块化具有很强的行业通用性，它们可能会上升到行业规范，这将为企业发展注入宏大的动力。

6.2.2　产品模块化设计方法

模块化用于处置系统的庞杂状况。模块化具有相似系统功用的组件，可将其组合转换为互相依靠的系统。例如，家具的模块化设计可以依据特定的目标添加或减少一定模块，而且具有简化的特点。大部分模块化设计可以暗藏产品内部的庞杂度，容易操作，并与其他模块交互。其目标是减少系统的庞杂性，简化、直观、有条理，增加多功用性、趣味性和保护性。

（1）模块化技术法

模块化设计包括四个不同的层级方面，即"模块系列设计""产品模块系统设计""设计模块"和"模块产品设计"，最初将它们分解成一个个模块进行处理，使制造成本降低，模块化设计凸显了处理这些问题的优越性。

① 产品模块化技术便于制造与拆卸。

② 模块化有助于降低工程设计的难度。

③ 产品模块化技术可以增强制作效力和程度。

（2）功能模块重构法

将产品功用分为总功用、一级子功用、二级子功用等，尽量实现产品功用的多样化，为产品赋予更多的功用。

（3）形态模块构造法

将功用模块比作产品的内涵构造特点，其形状模块是产品的外在构造特点。产品形状模块的设定是从产品的实际功用而展开的，假如没有合理、有序、系统的形状特点，产品就不能完整统一。产品具有庞杂的有机形体，在产品的模块化设计造型特点中，最常见的形状是蜂窝状构造构成的六角形。

（4）模块组合设计法

产品系列组合是不同的元素组合在一起形成一个更大的产品组织系统。组合设计可分为以下三种。

① 功用组合。功用组合是把若干个不一样功用的产品构成一个系列，如图 6-14 所示，组成具有不同功用的系列产品。

图 6-14 功用组合产品案例

② 配套组合。配套组合是将产品的组成要素横向组合，采用组合的方法，将不一样的产品作为系列的要素展开设计，如图 6-15 所示。

图 6-15 配套组合产品案例（作者：姚君，桂林电子科技大学产品设计）

③ 抽象组合。抽象组合是在外形、颜色、材质等方面经过外形的抽象化得到产品造型的方法，并以此组合到产品中，组成抽象组合，如图 6-16 所示。

图 6-16　抽象组合产品案例

　　这款蒸盅设计的灵感来自白云的外在形态，在造型上更加立体，风趣活泼，动感十足。整体形态为三角形的变形，吸取了圆润光滑的线条，使整体风格看起来幽默可爱，造型独特，符合青年人喜爱新奇事物的特点。如图 6-17 所示，吸取广东蒸汤的特点，此款设计采用了三个独立的蒸盅。

图 6-17　抽象组合蒸盅

　　三面把手方便蒸锅的整体挪动，开盖装置与把手使用正负磁极连接，且能与把手形成完整的造型。主体中心可以进行触摸式开关、暂停等简单操作（图 6-18）。通过对前面几何美学的研究，"操作"模块化设计和组合化设计是从形态几何组合角度，以分割法、添补法和割补法的方式实现的。分割法：对简单几何造型进行分割得到新造型。添补法：在简单的几何造型上添加修改，组合成新造型。割补法：将一个整体造型切割后，重新再组合成新造型。

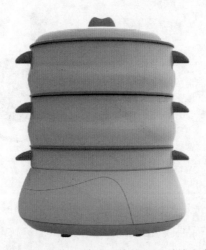

图 6-18　产品正面（作者：姚君，桂林电子科技大学产品设计）

/ 6.3 / 产品系列化设计的创新设计方法

创新设计方法是在设计过程中概括创新规律，将创新思维运用到实践中的一种方式。创新设计技术在产品系列化设计创新中发挥着重要作用。产品系列化设计过程主要从款式选择、元素选择、造型、运行方式、功能结构设计等角度进行，并融合各种创新设计方法，形成系列化、统一的功能以达到外形和用户最佳体验。不同类型的设计方法必须基于满足产品的基本功能，并在整个设计过程中追求形状和功能的一致性。同时，要以满足用户的心理需求和审美体验为基础。

6.3.1 风格选择

在系列化产品设计之初，需要做市场调研，明确用户需求和公司产品定位，然后根据公司文化特点确定设计风格。在设计系列产品时，应该基于一种共同的风格。当系列化产品的功能结构和形状不同时，一致的风格可以保证产品的完整性和统一性，便于系列化形成。每个系列产品都必须有属于自己独特的风格，因此在设计系列产品时，明确具体的风格是必不可少的要求。确定产品风格的主要手段有：①文化理念的融合，即将特定的文化理念融入整个产品系列；②运用几何设计、修剪、挤压、加减等特殊技法，以形成独特的风格。

6.3.2 元素选择

在产品中运用设计元素是设计师常用的方法。产品设计的好坏通常与对各种元素的选择是否合理有关。设计元素一般有两类，一类是主体元素，另一类是细节元素。主体元素通常与产品的整体风格和造型有关，是基于特定的思维或形象构建的相关主体元素，它可以是特定的意象或基本几何元素，例如点、线、面、体元素，一般指产品设计中常用的基本细节特点，如点元素布局、密度、线型、宽度、形状、位置、面积、体积等。根据自己想要的风格，选择一个或多个，将主要元素和细节元素进行分解及重新排列，并与功能结构和产品风格相结合，完成一个产品系列的设计。在产品设计中合理运用选定的因素，可提升系列产品的质量，优化细节，突出系列产品的特征。元素的成功选择往往决定了产品系列化的创新程度。

6.3.3 形态造型

产品形态造型是使用基本几何元素（如点、线、面和体）塑造的产品三维造型。一个系列的产品在造型上需要有一定的相似性和关联性，这样既可以提高产品系列的统一性，又可以给人以强烈的秩序感和韵律感。建立形态学造型主要的手段有：①创新原型的使用，以概念图、头脑风暴、类比、隐喻或仿生学等方法为灵感，然后选择与产品相关的元素作为创新原型；②基本要素的应用，提取、拆解和重新排列一个或多个元素以获得产品的新形状；③改变形状的轮廓或体积，也就是说，要么更改形状的轮廓，要么调整形状的体积，以适应相同的基本型。

6.3.4 操作方式

提高不同产品之间操作方式的一致性，有助于在产品中营造出系列感。产品与运营模式的融合，主要是在不同条件下，产品与用户之间交互的融合。相似的产品操作方式可以给予用户相同的心理认同，用户可以更自觉地将每个产品视为同一个系列。这种类似的操作方式带给人们的生理和心理反应是一致的，系列中的每个产品都可以引起共鸣，也强化了系列化的特点。

6.3.5 功能结构

系列产品的特点是相对性、独立性、组合性和兼容性。由于各个产品系列的功能关系不同，因此功能结构也会不同。对于有相似功能的产品，往往拥有相同的结构。通过标准化的功能结构，可以获得创新的产品系列设计。结构模型的统一应用通常提供类似的功能，还可以加强结构模式并强调序列化的特殊性。在最常见的产品系列中，功能件的结构主要体现在载体、固定件和承重件上。要达到产品系列设计的创新，统一功能和结构还不够，在实际应用中，这种方法的应用往往必须与 CMF（颜色材质与工艺）设计相结合，才能为内容相同、形式序列化相同的 CMF 提供统一的功能架构。

6.3.6 CMF 设计

在产品设计上，CMF 不仅赋予了产品美观的肌理，还提供了极佳的视觉和感官体验。系列化的一致性可以通过相同或相似的配色方案、材料搭配、图案纹理和加工方法来表达，并可以通过视觉和触觉的感官体验来传达系列化特征。颜色、材料、纹理和加工技术的选择越独特，产品系列就越具有创新性。设计 CMF 时请考虑以下事项：①CMF 的选择必须与产品的预期用途和美学特征相适应；②使用多种颜色时，要注意配色方案，以保证整体的和谐稳定。

/ 思考与练习

1. 根据产品宏观思维系统设计方法进行要素排列组合工具的制作。

2. 根据产品宏观思维系统设计方法进行头脑风暴讨论，找出设计点并进行设计。

3. 根据产品系列化设计方法进行设计思考，并进行设计创新。

4. 对系统设计工具列出的组合进行思考并分析设计点。

5. 产品模块化系统设计方法和系列化设计方法有什么异同？

第7章
/ 全生命周期产品系统设计

/ 知识体系图

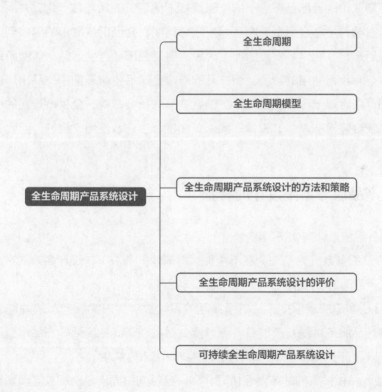

全生命周期

全生命周期模型

全生命周期产品系统设计的方法和策略

全生命周期产品系统设计

全生命周期产品系统设计的评价

可持续全生命周期产品系统设计

/ 学习目标

知识目标

1. 理解全生命周期的概念及模型。

2. 掌握全生命周期产品系统设计的方法与策略。

3. 了解全生命周期产品系统设计的评价。

4. 理解可持续全生命周期产品系统设计。

技能目标

1. 能够清晰地描述全生命周期在产品系统中的作用及意义。

2. 能举例说明全生命周期产品设计案例。

/ 7.1 / 全生命周期

7.1.1 全生命周期的概念

产品的生命周期是一个系统的设计概念，涉及了产品在销毁之前的整个开发过程。产品生命周期理论的目标是在最小的能源消耗下使系统的功能最大化，并消除或减少对环境的负面影响。产品全生命周期是一个闭环周期，会经历从需求的形成到规划设计的阶段，再经历选材、制作、安装的加工阶段，然后经历储存、运输与售卖阶段，最后经历产品运行与回收再利用的阶段。而产品的寿命是产品生命周期中产品出厂使用到报废的这一区间，两者属于一个包含关系。根据产品的社会影响，全生命周期的所有阶段便涵盖了产品社会需求的产生、设计、测试、加工、生产、使用、维护、回收和再生产这样一个循环。

7.1.2 产品服务系统设计的特征

产品服务系统设计有如下特征。

① 以产品服务系统为范围。在不增加材料消耗的情况下，设计高效的产品服务系统可以大大减少目前的资源消耗。

② 宗旨是客户的满意度。从单个产品的设计扩展为产品服务系统并能满足特定需求。可持续产品服务系统基于消费者满意度，重点在于满意度而非产品本身。根据客户满意度进行设计，要求每一种产品或服务都必须得到顾客的肯定。

③ 促使利益相关者间的革新性协同。其一是纵向协同，一个相关者负责整个系统的多个阶段；其二是水平协同，多个相关者共同协作构成服务系统，使利益得以实现。生态系统的创新是通过在不同利益相关者之间整合新的共同利益来实现的，重要的是不同利益相关者之间的协作，实现产品服务创新。在供应链中，产品和服务是不可或缺的，生产者是产品所有者，并且可以从在产品使用和处理过程中减少资源消耗与排放，从低消耗和低排放的产品生产中获益。产品服务系统是一种更有战略系统的发展模式，在不

增加资源消耗和环境损害的情况下创造价值。

7.1.3 产品生命周期曲线

产品生命周期是一个弧线过程，因此"产品生命周期曲线"一词的概念是指产品随着时间的推移，从市场出现到逐渐增长和消失的过程，在这个过程中，产品的经济价值也会随之波动和变化。如图 7-1 所示，产品随着时间的变化会经历从进入到增长，然后达到顶峰后又随之下降的过程。

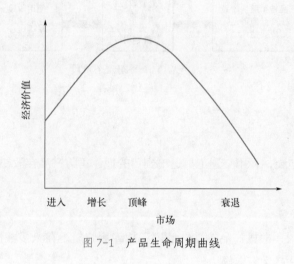

图 7-1 产品生命周期曲线

7.1.4 全生命周期的不同阶段

根据产品的整个运行情况，整个生命周期分为六个阶段，如图 7-2 所示：生产准备阶段、生产阶段、销售阶段、使用阶段、处置阶段、产品持续服务阶段。每一个阶段都消耗一定数量的资源，并通过转换将废物排放到环境中。

（1）生产准备阶段

产品的预生产阶段集中在生产材料的准备上，包括获取资源、运输和将其转化为原材料。原材料分为初级和次级，初级原材料来自自然，次级原材料来自产品回收加工。

（2）生产阶段

将配送的原材料加工成零部件，接着装配零部件，经过表面加工过程（如抛光）

后，完成最终产品。生产阶段大致分为三个基本阶段：零件制造、产品装配、表面处理。

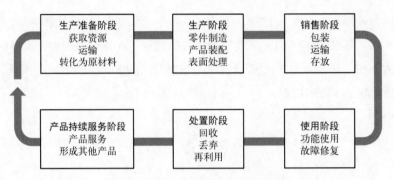

图 7-2　产品生命周期六个阶段

（3）销售阶段

进行生产后的包装，利用交通工具运输到目的地，再将产品存放在使用区。

（4）使用阶段

有两个主要阶段：根据产品的功能使用和故障后修复。在大多数情况下，当使用产品时，会消耗资源并产生废弃物。

（5）处置阶段

使用后的产品有三种处置方式，一是修理产品零件并重新使用，二是将产品回收后制成再生材料，三是直接将废弃产品丢弃。

（6）产品持续服务阶段

产品系统的可持续性在于产品服务，以服务取代物质产品可减少材料的使用，从而减少对环境的影响。对产品在整个周期中对生态的影响程度进行分析研究，然后总结出对生态影响更小的产品是产品生命周期研究的本质。将这一理念应用于产品服务系统中，其设计目的是减少对环境的影响，从而更加可持续。与传统产品不同的是，产品服务系统中的产品是为了支持服务而存在的。例如，现有的共享产品、体验产品，可以扩大用户范围，提高使用率。因此，产品服务系统不能直接使用产品生命周期设计策略。

/ 7.2 / 全生命周期模型

产品全生命周期模型如图 7–3 所示。

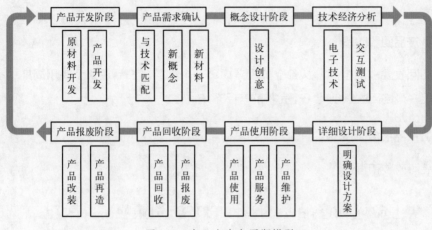

图 7-3　产品全生命周期模型

产品全生命周期模型的细分如下。

（1）产品开发阶段

产品开发阶段在总体周期中非常重要，因为它需要考虑对所有后续阶段的影响。

（2）产品需求确认

实现需求必须与现有技术相匹配。确认需求的目的是更充分地满足消费者的需求，理解消费者的当前需求有助于在产品中创新，使其在市场上更受欢迎。同时，需求确认也须考虑使用过去没有使用的新概念和新材料来制定下一步行动的可能性。

（3）概念设计阶段

概念设计意味着快速、准确和无限的创意。

（4）技术分析

技术上的测试方法主要包括电子技术和交互测试。

（5）详细设计阶段

在这一阶段，需要考虑详细设计对大局的影响，并进一步阐明概念方案。

（6）产品使用阶段

产品是否能得到消费者认可，需要考虑产品的功能易用和服务的完善友好，因此设计师需要将整个过程进行人性化设计。产品使用阶段包括产品的使用、维护和服务。

（7）产品回收阶段

产品回收要放眼全局，从各个阶段考虑每一个细节。产品在整个使用周期中多次加工和使用，最终回收以创建一个完整的产品系统。

（8）产品报废阶段

产品可改装和再造。

/ 7.3 / 全生命周期产品系统设计的方法和策略

7.3.1　以满意度为导向的设计方法

以用户满意度为目标，关键在于将设计重心从一个产品转移到整个产品的使用过程中，每个产品和服务都用来满足特定用户的需求。如图 7-4 所示案例，是一体化厨房水槽设计。通过对宏观系统的思考设计，分析出产品与人之间的关系：水槽高度不合适容易使使用者感到不舒适，长时间使用会导致腰酸背痛，肩膀和胳膊都不舒适，而且会使做饭行动不方便，从而降低效率，浪费时间。产品与环境：水槽大小需要根据环境来考虑，小户型水槽过大会占用太多的厨房空间，使别的物品无处放置；过小会使洗涤不方便，大的物品放不进去。产品与产品：使用水槽洗菜后，洗完的物品无处放置，拿到菜板上的过程中会滴水，并且菜板和刀具的放置位置容易使人使用不方便。针对这些问题

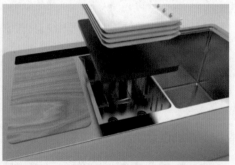

图 7-4　一体化厨房水槽设计（作者：朱梦雨　桂电 2017 级产品设计）

进行设计。水槽使用时容易溅水，针对漏水问题，将水槽操作区及洗涤区合二为一，使整个水槽具有洗涤、沥水、切菜及收纳功能。水槽左侧有自动升降可沥水置物盘。洗完及切好的物品可直接放置于盘中，当第一个盘子拿走后下面的盘子会自动上升，可倾斜沥水。置刀架在切菜板的上方，使得拿取更加方便，整个一体化的水槽设计可以使备菜过程更加便捷流畅，节省时间，如图 7-5 所示。

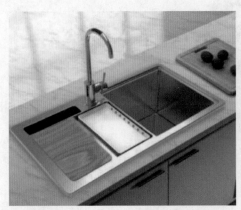

图 7-5　一体化厨房水槽使用

7.3.2　利益相关方互动的设计方法

为特定产品服务系统设计利益相关者的协作互动。通过最佳利益相关方设计一个系统结构，并且弄清最合乎逻辑的互动。

7.3.3　可持续利益相关方互动系统设计方法

发展这些利益相关者的互动模式，以不断寻找有效的、社会公正的解决方案。

7.3.4　延长产品生命周期的设计方法

产品的生命周期可以通过一些方式进行延长。如图 7-6 案例所示，利用鼓楼的造型结合模块化＋伸缩的形式进行侗油茶伴手礼产品设计，其设计草图如图 7-7 所示。产品收纳后大约是一个手掌的大小，便于放置在行李箱中。展开后的形状是三江侗族特色建筑"鼓楼"。侗油茶产品设计方案最重要的主题是区别于现有的油茶产品设计样式，不仅起到食用价值，吃完后包装也可留下收藏，其包装展示设计如图 7-8 所示，可作为家中饰品摆设，传承侗族特有的少数民族文化。

图 7-6　侗族鼓楼包装设计（作者：张梁、周雨薇、温筠、高文宇，桂电 2020 级研究生）

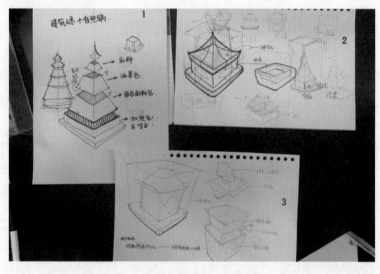

图 7-7　侗族鼓楼包装设计草图

图 7-8 侗族鼓楼包装设计展示

7.3.5 模块化设计法

模块化设计是另一种延长生命周期曲线的方法，主要有以下特点：①模块是产品的组成单元；②模块是相对独立的功能单元；③能构成产品的接口；④标准化；⑤系列化；⑥通用性；⑦层次性；⑧互换性。

使用模块化的设计方法需要考虑产品的结构和功能，此外，其生命周期中需要考虑维护升级、再加工和再利用。每个模块代表一个独立的单元，一个模块废弃后可以被回收利用，转化为其他产品的原料。产品的模块化结构能有效降低生产成本，通过延长产品的寿命以延长产品的生命周期。如图 7-9 所示的设计实践案例——未来式厨房设计，该开放式厨房采用的是模块化设计，如图 7-10 和图 7-11 所示，每一个厨具属于单独的一个模块，可根据个人的下厨方式进行 DIY（自己动手）组合。考虑到实际情况，模块分为活动模块和固定模块，固定模块主要是水槽，可以水槽为中心点进行自由组合。

7.3.6 改良设计法

改良设计法是指通过对现有产品的不同方面进行有针对性的改变，以此对产品进行修改完善，它是有效延长产品生命周期的另一种方式。

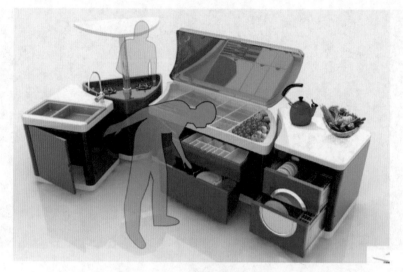

图 7-9　未来式厨房设计（作者：何笑弟，桂电 2017 级产品设计）

图 7-10　未来式厨房设计细节

图 7-11　未来式厨房设计局部

/ 7.4 / 全生命周期产品系统设计的评价

7.4.1　全生命周期评价

全生命周期的评价是评估整个过程对生态的影响程度。此概念最早出现在 19 世纪 60 年代末的美国，是早于生命周期理论的。它的产生与能源的不断消耗所引发的思考有关，科学家们在过度工业化消耗的背景下开始将注意力转向研究和分析资源的恰当开发和再生。而生命周期理论是 20 世纪 80 年代末才开始发展的。1990 年，在有关生命周期评价的国际研讨会上确定了生命周期评估的确切概念。该概念被定义为：生命周期评估是产品在生产、使用和处理过程中对环境影响的评价过程。目标是评估资源的使用是否合理，评估对环境的影响，并找到改善环境的方法。这个评估是在产品的生命周期中进行的。生命周期评估可用于分析工业生产过程，可用于规划和建造生态工业园区，是整个工业生态的核心。它也是工业生态系统进行环境设计和生态建设的重要辅助工具。

7.4.2　全生命周期产品系统评价的特点

全生命周期产品系统的概念是哈佛大学的雷蒙德·弗农教授在 1966 年提出的。对产品来说，产品在市场上的使用时间被看作产品寿命，其会经历从形成到衰落。产品系统模型被用来描述产品整个生命周期的状态。

生命周期评价是一种将生态思维寓于设计之中的管理手段，具有系统化、生态化和重复化的特点。生命周期评价不同于其他管理工具，其强调自主性，它不是法律所必须要求的，但受道德的约束。此外，生命周期评估的基础是系统地寻求对生态的影响以及如何改善环境，这反映了一个行业结构从粗糙转变为精细的生产方法。

/ 7.5 / 可持续全生命周期产品系统设计

7.5.1　可持续全生命周期产品系统的发展

可持续全生命周期产品系统的发展有四个阶段。第一个阶段是"绿色设计"，始于 20 世纪 80 年代，旨在减少对环境的污染。例如，为午餐盒开发淀粉材料，一旦埋入土壤就会分解，这是通过控制污染水平来实现的。第二阶段是生态设计阶段，产品的设计重点是产品生产的每个阶段对环境的影响。如针对儿童的模块化产品，随着年龄的增长而改变使用方式。如图 7-12 所示的成长性婴儿床设计，其外观采用两个字母"L"为造型元素拼接而成，造型简洁、美观，方便拆卸和重组。3 岁的宝宝已经有了自主行动能力，可以把一侧护栏拆除，床板可调节到最低，变成儿童沙发。在儿童开始学习时，把婴儿床从中间的连接部分分开，调节床板高度，可做儿童书桌。做书桌时万向轮可留可拆，如图 7-13 所示。第三个阶段是一个可持续的服务设计。设计从有形物质产品转向无形的服务。例如，共享汽车的设计为人们提供了出行服务，而不仅仅是汽车产品。其处理环境问题的方法与产品和服务等活动有关。第四阶段是建立社会公平和凝聚力阶段。这是可持续设计研究的前沿，其解决办法是控制环境恶化的消费模式，包括基本社会价值的正义和人权，以及文化多样性，关注弱势群体和促进可持续发展的其他消费模式。

图 7-12　成长性婴儿床设计

　　基于环境优势的系统设计：斯塔尔认为设计标准不是静态的，有时需要改变，以改善产品进行创新。例如，产品生命周期设计的标准可能成为传统销售模式创新的阻碍。考虑到环境优势，系统设计改变了生产和服务系统：一是系统被视为满足用户需求的综合产品和服务，其侧重于价值链中涉及的社会和经济参与者之间可能合作的环境效益；二是将该系统作为一个开放的生态系统来减少浪费和排放。环境效益系统设计继续遵循生命周期设计的基本原则，而产品系统中的不同利益相关者并不都能得到与经济利益相称的环境效益。因此，系统设计必须考虑到不同参与者在可持续设计领域之间的新关系。

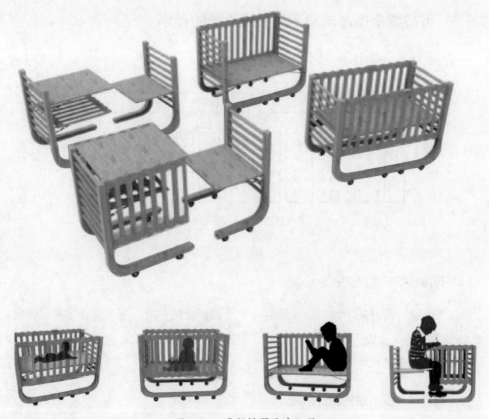

图 7-13　成长性婴儿床细节

7.5.2　可持续全生命周期产品系统的层次

可持续的产品设计重点是协调微观产品与宏观系统（环境、人、社会、产品）的系统设计，并将宏观系统和微观系统整合起来，优化彼此。产品体系的可持续长远发展、促进环境效益和社会效益是产品系统设计的目标。这个可持续产品系统设计可以从三个层面来解读：微观、中观与宏观。自然材料和再生是微观层面的关注点，材料的稳定性和可持续性是由材料的加工技术及再生特性决定的，因此一般设计活动需要以可持续的自然材料作为保障；中观层面关注生态效益与社会幸福，尊重用户的生活方式并为他们提供环保优质的产品服务，创造与公众相关的新服务，将注意力集中在生活方式上，平衡社会发展和环境改善；宏观层面关注的是社会平衡和社会创新，社会创新设计系统地增强了分散的社会资源（如创造力、技能、知识和企业家），这意味着可持续生活方式和生产方式的强大驱动力，将社会和平衡结合在一起，并在战略层面上从中观层面制定设计服务目标，在微观层面指导方向。

7.5.3　可持续全生命周期产品系统设计的程序

可持续产品系统设计的研究内容与结构体系如图 7-14 所示。

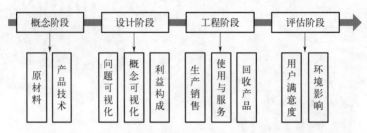

图 7-14　可持续产品系统设计的研究内容与结构体系

（1）可持续产品系统的概念阶段

在可持续设计的开始阶段，需理清可持续发展概念的作用。思考将要使用的原材料、将要使用的能源以及用于实现可持续设计的技术，并从这些角度考虑产品的生命周期，以便设计策略是现实和有效的。

（2）可持续产品系统的设计阶段

在设计可持续产品系统时，重要的是逐渐深化可持续性的概念，运用可持续设计方法来指导和评价处理问题的可视化过程也很重要。尹建国主张从宏观要素层面提出可再生材料、新能源转化和可持续行为以支持可持续设计的生产和实现。

（3）可持续产品系统的工程阶段

可持续产品系统的工程阶段是产品的生产和销售、产品的功能使用和服务、在其生命结束时的产品回收。国际标准化组织发布的"ISO 14040 环境管理生命周期评估 原则与架构"表明，在产品系统的所有阶段都要考虑到环境影响因素，以减少能源消耗。整个产品系统是一个循环系统，以产品的回收为结束，对回收产品的零部件加工和多次使用，又成为另一个产品生产的开始。

（4）可持续产品系统的评估阶段

产品评估不仅包括用户满意度评估，还包括生态影响程度的评估，因为产品是生态环境中的产品。目前最常用的产品系统评估方法是生命周期评估。此外，德国的伍珀塔尔研究所的教授提出的 MIPS（每项服务的物质投入）是另一种完善的评估方法。

如 Ezio Mazini 编写的《可持续发展设计》一书所述，在开发产品时，有五个方面是对环境有影响的：第一个是减少资源消耗；第二个是选择对环境影响较低的材料；第三个是优化产品的寿命；第四个是延长材料的寿命；第五个是产品方便拆卸。这五个方面是相互递进影响的。整个生命周期的目标有两点：一是减少资源消耗；二是选择对环境影响较小的原材料。减少资源消耗和对环境的影响可以通过提高产品耐用性和高频的使用周期来实现，这就是优化产品寿命的重点。材料的寿命随着产品的加工和最终排放减少而延长。减少资源浪费和减少环境污染的主要方法是：优化产品的寿命和延长材料的寿命。两者都是通过便于拆卸产品而实现的。

对于每个产品，都有一些策略占比更大。比如，桌子消耗的资源一定比汽车的少，桌子设计中看重的是功能而非用材，而汽车设计更看重产品的可持续设计。此外，某些策略可能会与其他策略发生冲突。例如，生物降解材料是对环境影响较小的资源，但这种材料的产品不如普通产品耐用。因此，在设计产品及其功能之前，重要的是要优先考虑适当的策略，并对可用区域的重要性进行分级。对于在使用期间资源浪费较少或不浪费资源的产品，也可以通过延长产品的寿命，从而减少对生态的负面影响。优化产品的生命周期可能会对一些产品的使用产生负面影响，尤其是在未来，技术开发可能会使产品更高效。由于生命周期更多地取决于产品的可持续性以及部件和材料的再利用，因此最有效的方法是最大限度地延长产品及材料的寿命，可以通过延长产品及其组件的生命周期或是增加使用频率两种策略来实现。延长产品及其组件的生命周期可以通过提高产品耐用性来体现，具体方法是通过模块化设计、多功能设计、可持续设计和可拆卸性设计来实现。现如今共享产品的产生使得产品的使用频率得以提高，因此用户可以享受产品带来的服务。通过设计易于回收的产品，可以延长材料寿命，具体方法是使用模块化设计、可拆卸设计和易于使用的材料设计。

7.5.4 可持续全生命周期产品系统设计的方法

（1）原则制定

3R 设计原则是可持续产品系统设计首先会使用到的原则方法。3R 设计原则是指"Reduce（减量化）""Reuse（再利用）""Recycle（再循环）"。当下，在 3R 设计原则中加入了"Regeneration（再生）"，从而形成了替未来人类发展而考虑的 4R 设计原则。李兆谦在 3R 设计原则的基础上提出了 5R 设计原则，他分析了一些地区推广经济循环的实际经验，增加"Relocate（资源再分配）"和"Restore（环境修复）"，帮助可持续的设计原则从顶层设计得到落实。

（2）生命周期分析

生命周期分析是对可持续性的、系统性的设计方案进行综合分析研究的方法。该分析方法主要通过分析目标与范围的确立，建立分析要点，再对这些对生态可能产生负面影响的要点进行定性与定量结合的分析，并对分析出的结果进行处理。虽然定量分析需要时间，但可以做出最准确、最有效的能量估算。郑玲教授设计了一个综合模型来协调生命周期的价值和评估生命周期，提高收集生命周期数据的效率，扩大分析范围。

（3）仿生及生态化设计

仿生设计是艺术、生物学、人体工程学和计算机技术的结合。在产品设计中，仿生设计主要从产品的造型结构、色彩纹理等方面进行研究和实践。仿生设计方法取自自然世界，并适用于产品设计中使用的结构和材料，通过研究不同的形状模型和生产模型，为用户提供新的产品和服务。仿生设计的创始人 Janinebenus 认为，仿生设计既高效又更加生态环保和可持续。仿生技术是完善设计并使其更可持续的方法。

（4）战略分析

在概念产品设计中，可以对产品生命周期进行战略性调整，以实现更加可控和协调的发展。通过生态产品策略，可以帮助设计师交流分析设计策略，该策略将产品系统的负面影响降至最低。定量研究方法 MET 矩阵是低成本高准确率的系统评估方法，高洋等学者通过此方法对消费品是否可持续进行了系统评估。

对产品系统的可持续性分析主要有四个方面的内容，对产品属性的分析有三个方面，对产品概念的分析占了一个方面。对产品属性的分析包括：产品的零部件，即优化产品零部件的选择，选择对生态影响小的原材料以及减少材料使用；产品结构，即技术生产最优化，分销体系最优化，减少产品使用期对环境的影响；产品系统，即产品早期生命周期的优化；对产品概念的分析，即开发新的概念产品。结合四个层次的各项指标，可以帮助设计人员进行系统性分析，制作改进的方案，并展示可行性。

/ 思考与练习

1. 根据共享电动自行车的例子，思考环境要素对产品系统的作用。

2. 列举一个关于产品影响自然环境的案例，估算在产品生命周期中的输入和输出对环境的影响，并提出在相应的产品设计中如何减轻对环境的恶劣影响。

3. 根据全生命周期产品系统设计的方法和策略进行设计实践。

第8章
/ 基于服务模式的产品系统设计

/ 知识体系图

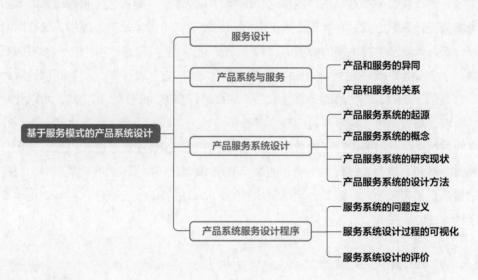

/ 学习目标

知识目标

1. 掌握产品、服务、系统之间的关系。

2. 掌握产品系统设计思路和方法。

3. 了解产品系统服务设计的程序。

4. 了解产品服务系统设计在解决实际问题中的作用。

技能目标

1. 能够运用产品服务系统设计的方法解决实际问题。

2. 能够进行创造性的产品服务系统设计。

/ 8.1 / 服务设计

服务设计可以通过有效的规划来组织服务所涉及的人员、材料、通信和基础设施等相关因素，从而提高服务质量和用户体验。服务设计已广泛应用于各个服务行业，旨在设计和策划一系列以信任、满意、易用和有效服务为目标的设计活动。服务设计贯穿于以人为本的理念中，将人与人的沟通、行为、环境等融为一体，既可以是有形的，也可以是无形的。在设计领域，霍林斯等人于 1991 年在其著作《总体设计》中首次提出了服务设计，然后在交互设计的基础上，结合许多不同专业领域的知识进行了发展和演变，最终发展成一种跨学科的综合研究方法。

服务设计是以用户为中心，对现有服务进行创新或改进，进行协作和集成的设计方法。其目的是创造一个难忘的、愉快的和综合的用户体验。简言之，服务设计的本质是一种新的设计思维方式，它体现在人们共同创造和改善服务体验的过程中，随着时间的推移，服务体验发生在不同的接触点。其中，服务设计的关键是"用户至上 + 覆盖所有接触点 + 可追溯的体验过程 + 创造完美的用户体验"。它强调合作，使共同创造成为可能。它是一个新的、跨学科的综合性领域，集成了许多不同的方法和工具，可以使服务更加有用、高效。这一跨学科过程整合了许多设计、管理、项目工程技术和知识。在面向实践的行业中，服务设计通常致力于为最终用户提供全球服务系统和流程。其他公共领域包括零售、通信、银行、交通、能源、信息、科技、医疗和政府公共服务。服务设计的发展仍然是缓慢的，显然，当前学术界尚未形成最终的定义或细化语言，这也是服务设计的魅力所在。

/ 8.2 / 产品系统与服务

产品系统设计是当前市场的主流，通过整合资源，将生产过程与物质资源的转化联系起来，系统地创造一种或多种实物产品。然而，由于社会经济处于不断发展的过程中，中国的用户以及市场需求也在发生巨大的变化，为了满足这些需求，企业也在尝试通过更多的与系统相关的设计来创造更多新产品。更重要的是，目前用户的需求不再局限于单个实体产品本身的价值，而是向着更全面的方向发展。此时，全方位、多层次、系统化的服务已成为产品设计新价值的创造点，也成为设计企业与其他同类企业进行差异化竞争的重要契机。

8.2.1 产品和服务的异同

从传统设计的角度来看，由于产品和服务总是两个部分，因此其本质属性不同。产品价值通常来自生产线，这与实体的创建有关，而服务不会在财富积累或创造中发挥作用。同时，由于用户购买产品后在使用产品的过程中不断造成损失，用户被视为产品累积价值的"损耗者"。这种对产品和服务的看法如今发生了很大变化，产品和服务之间的关系逐渐变得复杂、微妙和不可分割。从当代设计的角度来看，产品和服务开始以用户为导向，用户体验成为设计的核心。即便如此，产品和服务之间仍存在许多本质差异，服务是一个流程，它只存在于时间维度中。

8.2.2 产品和服务的关系

（1）产品服务系统

产品服务系统（Product Service System，简称PSS）于1999年由Goedkoop等人首次提出。经过多年的研究开发，该系统的应用已呈现出普遍性的状态。在产品生命周期服务模式下，产品制造企业负责产品和服务的高度集成及整体优化。根据Halen的定义，PSS是通过产品和服务的总体设计来实现的，系统满足用户的需求。产品服务系统的目的是使生产和消费更加可持续，也可以被视为一种商业模式。杨才俊等人将PPS的演变分为三个阶段：从单一产品向产品导向型PSS的转变，从产品导向型PSS向应用导向型PSS的转变，以及最终形成效用导向型PSS。

在这种模式下，产品销售仍然是PPS的核心，产品在产品与服务的关系中仍然占据主导地位。关于第三阶段，杨才军等人的论文给出了一个很好的例子：施乐过去为用户提供复印设备，但现在为用户提供文档转换、存储、扫描、管理等服务，并通过收取服务费获利，这也与"为服务而设计"的理念不谋而合。这种直接且实用的PSS模式将用户从复杂的产品使用过程中解放出来，摆脱了产品本身，直接提供满足用户需求的服务。此时，服务已成为核心，复印设备等产品作为服务过程中的接触点存在。

（2）为服务而设计

Sangiorgi和Prendiville在《服务而设计》一书中首次提到了"为服务而设计"的概念。该书提出服务设计是对基础设施、相关物理产品和一系列交流的合理组织和计划，以改善服务提供商和用户之间的互动体验。其主要目的是围绕用户的需求，为用户提供全面的设计服务。在这种模式下，产品和服务之间的差异并不重要。设计师更注重在满足用户需求的过程中创造的价值。

在台湾的某双护中心中，这种服务设计模式体现得尤为明显。与其他养老服务中心不同，双护中心是一个多元化、多功能、多层次、持续的长期养老服务机构。其各相关联络点围绕老年人需求，处处体现"尊老爱幼、服务自豪"的双重服务理念。在中心使用的电梯为防止老人被夹伤，配有车窗、扶手、座椅等设施，并且自动开门和关门速度较慢。在这个养老中心，作为服务联络点的产品、设备甚至员工都以"服务老人"为目标进行了具体的功能设计和行为规范设计，采用的模式是对"服务设计"的良好诠释。

/ 8.3 / 产品服务系统设计

随着后工业时代的到来，基于产品的问题解决方案已经不能满足用户的需求，产品与服务的结合已成为更好的解决方案。为了适应全球化和技术的快速发展，越来越多的企业和组织将产品与服务结合起来，建立起更加完整的创新方案体系。其中，产品服务体系是企业应对市场差异化竞争、适应环境可持续发展的经营战略；同样，作为一种综合战略，服务设计致力于整体服务方案能够更有效地响应人们的需求，并重新定义人与人、人与系统之间的互动和体验。

8.3.1 产品服务系统的起源

在营销领域，"服务"是指企业需要提供全面的、以顾客为中心的商品服务、自助服务或知识组合。产品服务体系源于服务的概念，代表着营销重心从产品向产品与服务相结合的方向转变，从普遍化、标准化服务向集中化、个性化服务演进。除了面向服务，产品服务连续性、集成解决方案和混合供应的概念也为服务设计系统的研究奠定了基础。

8.3.2 产品服务系统的概念

产品服务体系作为企业的创新战略，涵盖有形产品和无形服务，从经济、环境和社会的角度来看，这是一种创新。产品服务体系的三个关键要素为产品、服务、系统，是一种创新商业模式，可以集基础设施、服务、产品和相关参与者于一体，能够满足客户需求，有助于提升企业的整体竞争力，以及避免对环境的危害。

8.3.3 产品服务系统的研究现状

服务设计以服务设计创新为目标。"服务"是一个团体向另一个团体提供的活动。服务是无形的，其产生可能与实物产品有关，也可能与实物产品无关。罗世坚等人根据情感层次的渐进性，将服务设计划分为本体层、行为层和价值层三个层次模型。Zeithaml 等人认为服务具有四个特征：非物质性、异质性、不可分割性和易逝性。Clatworth 认为服务设计包括五个基本要素：用户、接触点、服务提供、用户需求和用户体验。其中，用户与服务提供者之间的交互称为服务联系人，服务联系的节点即为接触点，用户体验主要来源于这些接触点。随着科学技术的发展和服务的日益复杂，IHIP［服务的四项基本特征：无形性（Intangibility），异质性（Heterogeneity），同时性（Inseparability），非存储性（Perishability）］的特点已经不能覆盖当今的所有服务。Vargo 和其他人认为，服务使个人能够通过行动或流程向另一个人提供特定的技能、知识或能力，并使他们受益或有价值。服务设计结合民族学和用户研究方法，分析过程中人、产品和服务之间的互动，将服务接触和用户体验转化为设计机会点。Steen 等人指出，协同设计可以在利益相关者之间建立友好、和谐的关系，以全球设计思维进行服务规划，确保利益相关者能够在协同合作中顺利传递特定的服务和设计意图，并有助于提升严谨、完整的服务体验。

贝利认为，组织的服务设计有利于可持续发展和"以人为本"的价值传递。当 SD（系统动力学）作用于系统时，Junginger 等人认为服务设计有助于促进组织变革，从特定的服务界面到整体的组织价值。当 SD 作用于社会创新时，Kimbell 认为服务设计可以促进由人员、实物产品和技术组成的社会结构，并产生新的价值；Boyle 等人指出，建立良好的社会关系网络是服务模式成功的重要前提。

随着科技和经济的发展，对产品服务体系的探讨也在不断发展。产品服务体系可分为三类实施方式，第一类是面向产品的服务体系，即将产品销售给客户，并提供一些附加服务，以保证产品的正常运行，如售后服务、维护、维修、组件升级等。第二类是面向使用的服务系统，即提供一个使用平台而不是产品。产品属于服务提供者，产品的功能或服务是销售对象。客户以其他形式使用产品，表现为产品的租赁和共享。第三类是面向结果的服务系统，即用户需要购买的是最终结果。它是企业提供的定制服务的组合，可以表现为活动管理外包、每项服务收费、协议结果收费。

Baines 等人将服务与产品联系起来，提出了产品服务与服务产品的概念，强调产品与服务的整合可以为客户带来价值。为了进一步提高系统效率和改进系统流程，许多学者还关注了系统集成、服务类型、利益相关者的关系和交互。Meier 等人提出了工业产品服务体系，重点关注制造业产品服务的集成、规划和开发，并定义了利益相关者的角色，如客户、OEM（产品服务系统提供者）、供应商和社会。Park 等人提出集成产品和服务，认为产品和服务集成后的功能是销售对象，并根据集成度的三个维度将 PSS（产品服务系统）细分，如产品授权和技术组成等。关系到人的动机矩阵可以显示系统解决方案中所有参与者的动机和兴趣。系统参与者可以通过互动能力扩展实现价值提升。保持系统边界开放将有助于系统的不断更新和改进。

8.3.4 产品服务系统的设计方法

与传统的产品设计方法不同，产品服务体系融合了物质基础、非物质条件和复杂的社会互动。因此，设计师需要去探索服务的相关性和不同的感受、体验和结果。经过总结，可以将产品服务系统的设计方法分为以下几种。

（1）以人为中心的服务设计方法

近年来，服务设计中以人为中心的设计关注人们的情感需求和用户体验。Bijl-Brouwer 提出了一个基于以人为中心的服务设计需求模型。他将用户的需求和期望分为四个层次：解决方案、场景、目标和主题，用于表达用户在服务设计中的潜在需求、期望、行为和价值。Bdker 将活动理论应用于用户界面，并建立了以人为中心的活动理论方法。服务设计通过客户需求和文化背景激发新的用户角色，以人为中心的设计旨在为人们设计有用的、可用的、愉快的和有意义的产品或服务。服务设计中的活动理论强调以下五点。

① 目标导向，即为实现客户目标而服务，有助于创造客户价值、界定服务范围和区分服务优先级。

② 活动层次结构，即行动的优先级受目标优先级和不同情况的影响。客户可以利用公司的资源进行活动和互动，从而创造价值。此时，企业角色由价值生产者转变为价值支持者。

③ 中介，即配置和调整服务系统中的技术和人员网络。

④ 内部化和外部化，即服务提供者和顾客需要在不同的互动阶段找到平衡。

⑤ 发展，即服务设计还需考虑到服务系统的生命周期与发展。

（2）强调用户体验的服务设计方法

Moriz 将服务设计定义为规划和塑造有用、可用、理想、有效和高效的服务体验。施耐德等人认为，服务设计可以将有形和无形的媒体整合到系统流程中，从而为用户提供完整的用户体验。在网络购物和移动应用时代，服务由人机交互、技术和服务过程组成。重新设计更人性化的服务体验尤为重要。

为了捕捉不同阶段的用户体验并找到设计机会，服务设计通常使用视觉设计工具，如用户旅程图、用户肖像、故事板和上下文图。Verma 等人提出的客户体验模型阐述了体验与用户、行为与环境的关系，并将用户体验层次划分为整体体验、单一服务体验和服务接触体验。Mager 等人指出，服务设计应注重服务前、服务中、服务后的综合体验；Voorhees 等人认为，核心服务接触的早期和晚期也会影响用户体验的连续性，并在核心服务的前期、中期和后期对与用户体验相关的服务接触进行梳理。客户旅程图包括四个基本元素：时间线、用户、联系人和用户体验。以用户需求为主导，按时间顺序描述用户体验的服务过程和感受，寻找机会点，通过增加联系人改善服务，满足用户需求，是可视化客户流程的服务设计工具之一。

（3）关注共同创造与系统的服务设计方法

格罗夫等人提出的戏剧理论模型将服务与表演进行比较，包括以下四个方面：演员、观众、场景和表演。企业应引导员工采取积极行动，提供更多参与体验的机会。员工被分配角色并反复表演，然后在指定的舞台区域展示自己。工作就是表现。此时，客户不仅可以享受到服务商带来的服务和好处，还可以享受到围绕服务的难忘体验。协同设计在服务创新中的应用有助于发展概念和提高服务质量。同时，它可以进一步提高用户满意度、用户忠诚度以及利益相关者之间的互动。Glusko 等人将服务系统总结为三种交互场景和七种设计模式。Patricio 等人结合用户体验方法，在多层次服务设计的基础上，梳理了服务体系、服务联系和服务流程之间的关系，进一步深化了服务体验蓝图。

（4）与设计思维结合的服务设计方法

Morelli 认为服务开发的过程共有两个维度，分为设计维度与问题维度，具体的设计过程如图 8-1 所示。

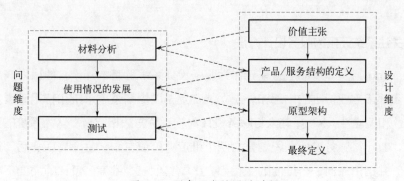

图 8-1　服务开发的设计过程

围绕产品设计开发阶段，Scherer 等人将设计思维和业务分析纳入服务设计研究范围，构建了一个洞察用户需求的创新盈利设计模型，如图 8-2 所示，主要分为五个步骤，即创意阶段、概念阶段、过程原型、过程验证和最终阶段。除此之外，Shimomura 等人还提出了产品服务协同设计方法，即通过服务接受方状态参数展现客户状态和价值，并根据客户价值设计服务内容和服务活动。

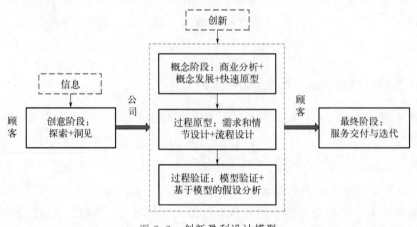

图 8-2　创新盈利设计模型

（5）系统整合的服务设计方法

Alonso-Rasgado 等人提出的全护理产品将服务设计系统分为两部分：基本组成和商业模式。该过程可分为五个阶段：建立服务系统的基本概念、澄清子系统、测试和迭代优化、建立服务系统模型、集成子系统服务。他们从三个角度解释了该方法：从流程的角度来看，该模型可以用作服务蓝图；从利益相关者的角度来看，该模型可以用作系统图；从协作的角度来看，该模型可以看作是一个整体服务系统。

（6）关注系统元素的服务设计方法

Maussang 将实体产品服务单元作为服务设计系统的基本元素，他认为产品生命周期的每个步骤都需要特定的内部和外部功能交互，以提高整个系统和特定元素对外部环境的响应性和适应性。Xing 等人将服务设计与软系统方法相结合，认为系统的要素需要协同合作。Tan 将服务设计系统划分为四个维度：价值主张、生命周期、活动过程和参与者网络，并指出任何一个维度的变化都会影响其他三个维度。设计师需要不断调整设计理念，以实现四个维度之间的相互支持和协调。

/ 8.4 / 产品系统服务设计程序

基于服务的产品系统设计可以归纳为五个层次。一是策略层：挖掘市场需求、找到服务策略的切入点。二是范围层：做出准确的用户定义，明确为怎样的用户提供哪类服务。三是服务的结构层：通过流程规划、技术分析等确定如何提供服务。四是子系统的定义层：根据服务的结构定义子系统的设计需求。五是子系统的设计表现层：也就是系统中的物质载体和服务方式的具体体现。通过这五个步骤最终完成整个系统的设计，根据最终的设计情况返回检验该系统的合理性和可接受度。

8.4.1 服务系统的问题定义

这是产品系统服务设计的第一步，有必要明确整个系统设计的服务策略。在这个阶段，有必要了解服务的基本方向，也称为产品服务策略。这是一个系统工程，需要结合不同的工具和手段来掌握服务系统中存在的问题以及通过服务系统要实现的任务和目标。在此阶段，通常使用以下三种方法。

（1）思维导图法

思维导图可以被理解为一张图表，旨在更直观地概括信息。思维导图有多种表现形式，常用的方法是首先将一个单词或文本放在中间，然后添加相关的想法、单词和概念。它们通常在周围以树状图的形式形成支流。使用思维导图可以使服务系统的逻辑清晰，问题点更加集中。思维导图的初始信息包括与主题相关的单词、想法、观点或任务，或其他关键词和想法，但不限于特定的相关信息。有时，在这一阶段鼓励记录看似荒谬或有分歧的观点。

（2）愿景记录法

愿景是服务设计的概念工具。由于其自身的特点可以更好地发挥战略发展方向演绎工具的作用，因此通常将其引入服务系统设计和前期设计研究的过程中。从字面上讲，愿景可以理解为我们对未来的计划和希望。在这个阶段，它可以被更容易地理解为设计指南和未来趋势解决方案策略。

（3）情景设计法

在设计领域，米兰理工大学的 Ezio Manzini 教授提出了"面向设计的场景"。它是一种设计工具，通过为同一趋势下的不同角色创建共同的愿景和行为契合点，为设计和创新过程做出贡献。从可能的发展方向到具体设计方案的逻辑性和合理性一直是人们关注的重点和难点，场景不仅是连接这一系列过程和工具的载体，也是从设计研究到设计方案制定的桥梁。

8.4.2　服务系统设计过程的可视化

由于服务系统设计是一种无形的产品，有必要结合一些可视化工具对整个服务过程进行可视化，从而为设计师提供详细的设计，并进行讨论和分析。在这个过程中，需要一些可视化工具来显示和分析。

第一个工具是故事板。在服务设计中，故事板是特定情况的视觉体现，它帮助设计师演示服务中的相关问题和元素，并以适当的方式对其进行注释。同时，故事板也是对整个服务流程的完整披露，丰富了体验的表达。在故事板中，人们的阅读类似于阅读漫画或观看电影的故事，更直观地了解服务设计方案的目的和内容。

第二个工具是接触点和用户体验地图。服务设计是一个系统设计，涉及服务体系、服务程序、服务带和服务时刻，服务接触点是服务的关键时刻。由此可见，接触点是整个服务体系的核心。在服务设计中，需要考虑与涉众相关的每个接触点。此联系人可以是实体或虚拟产品，也可以是不可见的服务或活动。只要与服务中的涉众接触，就应该进行设计，这基本上涵盖了服务设计的整个过程。

8.4.3　服务系统设计的评价

服务体系设计的评价一直是一个难点，而评价指标的设置是关键，包括以下三个关键评价指标。

（1）净推荐值

作为忠诚度的衡量标准，它是由 Bain&Co 公司提出并开发的。净推荐值是 -100% ~ 100% 的衡量标准，代表与提供的服务相关的情感指数。顾客根据其情绪可分为以下三类：诽谤者、被动者和支持者。净推荐量的计算方法是从支持者的比例（%）中减去诽谤者的比例（%）。净推荐指数越高，客户忠诚度就越高。因为净推荐值是服务的总体体验幸福感的统计指标，而不是最新的互动，所以公司倾向于定期发送其净推荐值调查，如每季度或每两年一次。一定要根据客户群，而不仅仅是最新的客户群，随机抽样进行调查研究。一些公司，如 Transavia（飞机制造公司）或 TUI（旅游公司），发现了净推荐价值和净收入增长之间的联系，为首席经理提供了一个很好的客户体验设计案例。

（2）客户满意度评价

许多人认为网络推荐可以衡量满意度，但事实上，它比满意度更能衡量忠诚度。顾客满意度评价是衡量顾客满意度的重要指标。与净推荐值的另一个重要区别是，净推荐值用于定期评价，而客户满意度评价用于交互级别。这意味着每次服务交互后都可以使用客户满意度评估问题。为了获得客户满意度评估，可以在上次服务交互后询问客户对服务的满意度评价。评分量表可以设置为 5 ~ 7 分的李克特量表，也可以设置为 1% ~ 100% 的比例量表。

在"客户满意度调查"中，添加一些问题来询问和检测客户，以了解他们满意或不满意的具体原因。这意味着，与净推荐值不同，当要求每次服务交互时，客户满意度调查可以指出服务改进的方向（但这并不意味着应该在每次与客户交互后进行调查）。使用此指标，并使用它来指导设计业务最需要的方向，确保不会在"真空中"改进服务交互。

（3）服务成本

该指标侧重于为特定客户提供服务的成本。该成本还包括面向客户的员工、销售代表或内部系统的成本。一个简单的服务设计原则是通过共同创建来降低成本的。在共同创建时，将来自不同部门、具有不同经验背景的人员放在一个房间里，并开始从整体上考虑服务设计。这样做的结果往往是使各部门认识到，如果它们共同努力，就可以提供更有效的服务，并在实施过程中降低成本。从服务的角度来看，降低成本的首要工具是服务蓝图。通过制定要更好地为客户服务的内部步骤，可以明确关于服务效率的内部痛点和机会点。这有助于更好地确定在为客户服务的过程中最大的支出是什么以及如何减少支出。

/ 思考与练习

1. 立足于中国实际情况，运用宏观的系统思维，分别从产品、人、环境和社会四个方面，运用系统化设计思维对产品系统设计进行分析，理解产品服务系统设计策划、产品服务系统设计的方法和思路，产品服务系统的构成以及产品服务系统的发展方向，分析社会问题实质，并根据自己的理解进行调研，然后进行综合性创新设计。完成形式：提交用户需求分析报告一份，产品服务系统设计方案一套。

2. 基于服务模式的产品系统设计与传统的产品设计或服务设计有何不同？其优势有哪些？

3. 在实际应用中应该如何协调产品、服务与系统之间的关系？

4. 在中国或全世界共同面临的社会问题中，有哪些适合运用产品服务系统设计的方法来解决？具体应该怎么做？

参 考 文 献

[1] 张同. 产品系统设计 [M]，上海：上海人民美术出版社，2004.

[2] 张一俊. 产品系统设计定位与评估的定量化方法研究 [D]. 南京：南京航空航天大学，2007.

[3] 王样，赵乘，于东玖. 行为学视角下以人为中心的服务设计助推策略研究 [J]. 设计艺术研究，2020(2):7.

[4] 张天华. 产品系统功能的多向性研究及优势设计 [D]. 江苏：南京航空航天大学，2007.

[5] 李霄. 什么是智能家电 ?[J]. 标准生活，2016(10):14-17.

[6] 张伟. 基于产品服务系统的复杂产品设计的研究 [D]. 上海：上海工程技术大学，2015.

[7] 罗琨. 基于生命系统理论的复杂产品设计知识建模研究 [D]. 北京：北京理工大学，2008.

[8] 宋亚辉. 重障者洗浴辅具人机创新设计 [D]. 天津：天津科技大学，2014.

[9] 姜星月，张秀芬. 一种改进的绿色模块化设计方法研究 [J]. 机电工程，2019,36(05):451-457.

[10] 罗碧娟. 基于模块化设计方法的儿童产品设计研究 [J]. 机械设计，2014,31(07):121-123.

[11] 徐文静. 基于产品服务系统的产品生命周期设计研究——以共享单车为例 [D]. 湖北：武汉理工大学，2018.

[12] 宫婷. 基于产品生命周期理论的新能源绿色汽车造型设计研究 [D]. 黑龙江：哈尔滨理工大学，2015.

[13] 姚君. 可持续产品系统设计研究 [J]. 包装工程，2020,41(14):1-9.

[14] 吕海慧. 基于服务的产品系统设计方法研究 ——家庭衣物清洁系统设计 [D]. 上海：东华大学，2010.